U0636338

九型人格气场修炼术

海华/著

JIUXING RENGE
QICHANG XIULIANSHU

世界图书出版公司

图书在版编目(CIP)数据

九型人格气场修炼术/海华著.—北京：
世界图书出版公司北京公司,2012.3
ISBN 978-7-5100-4292-8

Ⅰ.①九… Ⅱ.①海… Ⅲ.①人格心理学－通俗读物 Ⅳ.①B848-49

中国版本图书馆 CIP 数据核字(2012)第 047407 号

九型人格气场修炼术

著　　者:海　华
责任编辑:刘　煜
策划编辑:马　健

出 版 人:张跃明
出　　版:世界图书出版公司
发　　行:世界图书出版公司长春有限公司
　　　　　(吉林省长春市春城大街789号　邮编:130062　电话:0431－86710755)
销　　售:各地新华书店
印　　刷:北京蓝空印刷厂
　　　　　(邮编:101116　电话:010－61531406)

幅面尺寸:170mm×240mm
印　　张:18
字　　数:240(千字)
版　　次:2012年3月第1版
印　　次:2012年5月第1次印刷

营销咨询:0431－86710755
编辑咨询:0431－86805562
读者咨询:DBSJ@163.com

ISBN 978-7-5100-4292-8/C·201　　　定价:29.80元

版权所有　盗版必究　举报有奖　举报电话:0431－86805538

序　言

　　为什么有的人人见人爱，而有的人却人见人嫌；有的人光彩照人，有的人却委靡不振；有的人路路畅通，事事顺利，而有的人却时时遇堵，事事碰壁？一切的背后，都有一种强大的隐形力量在起作用，那就是——气场。

　　那么，什么是气场呢？简单地讲，气场就是"人与人之间的影响"，心理学对于气场的解释是"一方给他方的感觉的来源"。而从本质上讲，气场就是环绕在事物周围的一种能量场，类似于磁场。

　　虽然不可见、不可触，但气场是真切可感的。生活中，有些人初次见面就能深深地吸引你，这说明他的气场是富有吸引力的正气场，是强大的；有些人见过好几次，却总是留不下什么深刻的印象，这说明他的气场很弱；有些人一见面就让人觉得莫名地讨厌，这说明他发出的是具有排斥力的负气场，而且很强大。

　　所有伟大的领袖，都是气场强大的人。毛泽东同志就气势磅礴，美国前国务卿基辛格也曾由衷地感叹："毛泽东的存在本身就是意志的巨大作用的见证。没有任何外在的装饰物可以解释毛泽东所焕发的力量感。我的孩子们谈到流行唱片艺术家身上的一种'颤流'，我得承认自己对此完全感觉不到。但是毛泽东却的确发出力量、权力和意志的颤流。"

　　领袖的气场，甚至能感染远在视线之外的人。拿破仑就能凭着一张头顶上悬着光环的画像，让千里之外的军队狂热地追随着他。

在演艺圈，气场更是众人皆知的秘密。1993年，金马奖现场群星闪耀，各大美女诸如李嘉欣、王祖贤、张曼玉等一等一的气质美女一齐亮相。但当林青霞穿着圣罗兰晚装出场时，那性感的气势顿时令人血脉贲张，所有人都可以深刻地感受到一种窒息感。那年她凭借《东方不败》，第八次技压群芳夺得金马影后，正如金庸的评价："青霞的美，无人可匹敌的。"很多知名人士都承认一个事实，那就是在一群大明星中，第一眼看到的一定是林青霞。这就是气场，当她出现时所有人的眼球都被她吸引，她的一举一动都让人沉迷。

气场的影响力更是显而易见。如果你的气场很弱，那你就很容易受到强气场的影响，好像处处受人限制和支配，总感觉缺乏自主性或身心疲惫。相反，如果你的气场强大而富有吸引力，那你就总能轻而易举地对周围的人产生震慑力，从而得到认可，甚至深受喜爱。而你自身，也总是自信而充满活力。

可以说，气场会时时刻刻对你的生活产生影响，甚至能左右你的人生。假如你现在的气场是消极的负气场，或者气场很弱，你的人生岂不是完了？不用担心，因为气场是人人都能轻松掌控、灵活运用的，它是可以通过修炼来改变、提升和加强的。

持之以恒地坚持大脑与身体的修炼，是提升气场的不二法则。但是，不同人格类型的人，由于气质、性格特点、生活习惯、思维方式不同，气场的类型和特点也往往各具明显特色，若能按自身特质更有针对性地提升自身气场，必将取得事半功倍的效果。为此，我们摒弃传统气场类图书一刀切、大而笼统的体例，根据九型人格学说，将人划分为九类，并针对各种类型提出了具体、客观的气场修炼方略。

在九型人格中没有哪一型是绝对完美无瑕的，每一型的人格都有其独特的特点。认清自己所属的类型和面临的困惑，有针对性地加强气场修炼，并持之以恒，无论你现在是多么平凡甚至不受欢迎，你也很快便能学会自主、自如地操控你的气场，让其在不同的场合按照你的意愿做出相应的调整，使你在自信、从容间做到时刻游刃有余、魅力四射。

目 录 CONTENTS

第六章 忠诚型气场修为

第七章 享乐型气场秘诀

第一章　完美型气场心得

完美型人格的人事事追求完美，不断要求完善。希望把每件事情都做好，也希望自己和他人不断进步。很有原则性，不论对谁，都有很高的要求。眼里容不下错误，时刻纠正自己以及身边人的错误。

正是因为事事要求完美，考虑比他人周全，所以具有完美型人格的人更有领导的气派。他们觉得自己每天有做不完的事情，每天为各种各样的事情忙碌，生怕对任何事情有所疏漏，所以生活的压力很大。又因为对任何事情都要求很高，容易对现状产生不满，所以总是愤愤不平。其实这些不满都是源自他们对生活的超高要求。

此外，完美型人格的人感情世界脆弱，因为他们对感情要求也是极高的，一个小小的缺点他们都很介意。

完美型的人做事黑白分明，思维理性，对于一件事情的对错有偏执的追求。他们有毅力，可以很好地控制自己，做事有始有终，注重承诺，光明磊落，让人心生敬佩和敬畏。不得不说，完美型的人气场是比较强大的，但是给人的压力也大，所以压力抵消了某部分气场的吸引力。

最佳的气场状态是强大和吸引力的集合体，所以，完美主义者要把压力转化为吸引力，下面结合现实生活的方方面面，从自我认知、心态调整、人际交往以及借助适当的道具等角度给出七个切实可行、简单可操作的完美气场修炼方法，让完美气场的期望轻松照进现实。

一、不要强迫自己做事。不要把自己的工作安排得满满当当，以至于没有时间思考真正重要的需求。

二、欣赏不完美的自己，需要对内心的严格标准进行修改。不要用"理想的我"贬低"真实的我"，接纳真实的自我，接纳万物。只有这样才能包容、自信，形成积极的气场。

三、摆正心态。用不着时刻把自己放在考验意志力的情境里，这样反而容易产生反作用。须要摆正心态，以一种放松的状态去做每一件事。

四、用赞美为自己的人气加分。不要总盯着别人的缺点，应当更多地关注别人的优点，懂得赞美别人，赞美要真诚、新颖，选准时机。

五、不要总和别人比较，不要在意别人的评价。每个人的特点不一样，评价人的标准也不一样，所以不要活在别人的束缚里。

六、消除不必要的焦虑。如果觉得其他人在对自己评头论足，那就直接找他们问清楚。如果感到自己的担忧在加剧，就去寻找真实信息来消除不必要的焦虑。

七、香气可以缓解情绪，保护气场。不管是香薰还是精油，都可以缓解身体的、情绪的、精神的各种疾病。鼠尾草和香草这两种草的香气可以净化和平衡气场，压力大、焦虑的时候可以将自己置于这种香气中，放松全身。

有句话说得好，"物过刚则易折"，琴弦绷得太紧则很容易绷断。完美型人格的人对自己要求过高，不可避免地会有一些负面影响，最明显的表现有两个：被自己过于完美的期望吓倒，对失败和错误的恐惧让自己变得裹足不前；过于在乎自己在人前的表现而不敢展示真实的一面，在别人看来难免会有清高、虚假、橡皮人的嫌疑。如此一来气场优势顿失，影响力和吸引力也会荡然无存。以上所给出的气场修炼诀窍正是抓住了问题的关键所在。有的放矢，有了正确的自我认知，把自己的心态重新调整，加上合适的人际润滑剂，再借助一些功效显著的道具，你完全有理由对自己说："我的气场，我做主。"

一、你的60分就是别人的100分

【事事完美，却变成他人眼中尖锐的挑剔】

"如果……一点就更好了。"生活中，常常听到有人这么说。开始的时候，叫做眼光独到；后来，就叫做挑剔了，一褒一贬之间，人们的态度就差了十万八千里。

每个人对事物或者某件事都有自己的判断标准，或高或低，意见不一。但是大多数人最终有一个基本标准，他们的判断就在这个层面或上或下地浮动。但是事情总有例外，有一些人，他们的标准就高于基本标准很多。对于他们来说，基本标准就是不完美的，不是很多人说的差不多，而是他们自己说的差很多。

其实当一个人说"如果……一点就更好了"的时候，并不是他故意挑剔，而是他的标准让他对某些事物或者某件事情不够满意。他没有恶意，只是从他的角度看待人或者事，希望可以更完美一些。

但是他的完美并不代表大多数人的完美，大多数人觉得到达一定程度就可以了，就是100分。但是在他的眼中，一般人的标准只有60分，想要达到100分，就需要"如果……"。他的本意是好的，希望可以完美一些，但是一味地要求事事完美，最终会让人觉得挑剔。

俗话说"金无足赤，人无完人"，为什么就要那么挑剔呢？即使是好心的提醒，多了也让人觉得是故意找碴。他可以把事情做得很完美，但是这样的完美别人不需要，别人觉得他的60分就是完美，至于多余的40分，则是他无端加上的，只对他自己起作用，没有必要去影响别人。

也许完美型人格的人自己不在意这些，会偏执地认为这么做是对的，因为他人没有理解到事情的本质。但是，有些标准是得到大众认可的，当你不认可并且不遵从的时候，就会被大家孤立。当然，也可能渐渐地被孤立，因为最初的高要求会让人联想到"完美"这个词，但是一直追求完美，就演变成了挑剔，而且是尖锐的挑剔，因为大众满意的东西你从来没有满意过，你和其他很多人的意见都有偏差，所以让人无法容忍。

【我这样做更好，大家却不认可】

张达是个能干的小伙子，待人接物总是充满热情，自从被上司提拔成小领导之后，更是干劲十足。领导将任务交给他很是放心，而张达也从未辜负领导的厚望，总是将事情做得十分完美。

年末，领导让张达策划一场公司的年度晚会，他接到任务后更是摩拳擦掌，准备大展身手。每天一下班，他就开始琢磨晚会的内容，还上网查看了国内很多大型晚会的构架和排设，经过整整两个星期的修修改改，张达终于完成了晚会的策划案。

让张达更加欣喜的是，各个部门的同事都踊跃参加。大家看完策划案，都认为这将是一场十分有趣的年度晚会，于是怀着好奇和新鲜的态度积极加入到晚会的准备工作中。但是，好景不长，大家就渐渐失去了兴趣。原因是，张达每晚都会让参加演出的同事留下，加班排练。有时候一练就是两个小时，明明是5点多下班，但每天7点多还没吃上晚饭，而且经常为了一个小小的动作或一句简单的台词而反复练习几十遍，大家都感到筋疲力尽了，而张达却依然兴致勃勃、干劲十足，丝毫未觉得有何不妥。

眼看着年末将近，领导找张达谈过一次，提醒张达不要搞砸了，张达满口答应。接下来的时间更加紧迫，张达为了晚会的圆满成功，在休息日也组织同事来公司彩排，过多地占用了大家的个人时间，搞得大家不胜其烦。

终于，有的同事忍无可忍，要求退出，这哪儿成啊，张达一听就急眼了，软磨硬泡，好说歹说，最终迫使对方留了下来。张达也知道这样的自己很遭人烦，不过没办法，晚会的日子越来越近，相信这台完美的年度晚会能为自己增色不少。

不过到了晚会当天，他却笑不出来了。观众和领导都已经安排就座，自己后台的演员却寥寥无几。他逐一打电话，结果演员不是关机就是谎称生病。他找了各个部门的负责人，对方称已经接到下属的请假申请。

简单来说，就是把他晾那儿了。布置好的舞台上站着欲哭无泪的张达……最终，晚会还是顺利结束，节目也十分精彩，不过表演节目的没有几个是公司的同事。

是的，在十万火急下，张达找了自己搞婚庆的哥们来救场，这一台热闹的演出背后是张达的泪流成河。不仅仅是因为内心遭受极大的失败感，还有自掏腰包的一万多元人民币，几个月的工资没了！

【气场修炼方略】

看到此，大家可能乐了，有觉得解气的，也有为张达抱不平的。其实这就是完美型人最大的缺点——凡事都追求完美。假如张达不那么苛刻、那么严格，将晚会当成一个大型party来准备，大家一定会其乐融融。问题在于他将晚会定位为"春晚"的标准，这是十分夸张的、让人惊愕的，不过完美型人的做事方式就是如此荒唐。

接下来的事情便不难理解了，加班排练、休息日也排练，本来每天工作就很累，大家还要遭受他的这般折腾。所以，大家在最后集体"涮"他，其实也是情有可原的。

什么是好的？被大众认可和接受就是好的。如果不被认可和接受，有些东西就形同虚设。生活本来就是个矛盾的集合体，有时候，"界限"是个模糊的概念。好或不好，对或不对，都没有明确的界限，有些事情也可以睁一只眼闭一只眼就过去。有时候固执己见不如随随大流，只要不触及原则性的问题就没必要太较真。

大家常说："60分万岁。多1分浪费，少1分受累。"因为你的高标准，已经超越了别人的极限，如果再对他人过高要求，人家必然会感觉到有压力，尽管你自己浑然不觉。

你的挑三拣四让周身充斥一种压迫力，让别人与你同处时感受到压力，有时候仅仅是一句话、一个动作就会让对方在无形中发出抗拒的信号。

有很多人与他人说话时，喜欢低着头自顾自说，可能那只是你个人的习惯，但对方会觉得你是在有意地跟他产生距离感，而多数人会选择与有自知之明的人去交谈，这就让你失去了一个认识他人的机会。

最佳的气场是强大加亲和力，你超高的生活标准会影响你的亲和力，进而减弱你的气场。所以，想让自己有亲和力，不让他人觉得麻烦，就要随和一点，随随大流，你会发现其实身边的人都挺可爱的，你认可了他们，他们也就认可了你。

【迷津点拨】

常言道："大梦初醒，难得糊涂。"对于生活，糊涂是一种智慧，当然，这里不是倡导那种"做一天和尚撞一天钟"的生活状态。完美主义者生活标准高，所以有些事情难以与周围的人达成共识，这个时候就需要糊涂一点了。

装糊涂的人和真糊涂的人不同，前者是一种有智慧的人，必定高瞻远瞩，宽宏大量，而后者，根本和"智慧"二字沾不上边。

当然，糊涂要装，但是不能没有原则。如果某些事情对方确实做错了，就要在坚持原则的基础上用礼貌温和的态度对待对方，对方会接受你的原则的。

完美主义者要懂得和别人沟通，懂得换位思考（这是非常重要的），有高的标准不是错，错的是你把自己的标准放在了别人的身上。这样，双方都不开心，对方觉得他的标准是满分，你觉得自己的标准是满分，当两种标准不能融合便开始相互冲击，矛盾就会在冲击的过程中爆发。

作为完美主义者的你，要知道，其实你的60分就是别人的100分，大多数的时候，忽略那40分，哪怕是20分，你就会开心很多。将过高的标准降低一些，不要让那可有可无的几十分成为你气场的排斥力，聪明的你会将其转化为吸引力。转化的方法就是亲和一些，从众一些。

二、学会对自己和身边的人说"yes"

【你是"麻烦"的代言人】

生活中，总是有那么一些人，他们考虑周全，做事周到，但是后期却很少有人愿意去询问他们的意见，为什么呢？因为怕他们"麻烦"。

一个小的团体中经常会出现这样的事情：一个人提出一个好的建议，或者做出一个好的策划，询问大家的意见，大家都会表示赞许。但是大家会明着或暗着忽略这个小团体中某一个人的意见。团体中其他人始终坚持少数服从多数的原则，最终将这个建议或者策划实现。

之所以大家忽略某个人的意见，是因为这个人对每个建议或者策划都有不满意的地方，总是提出很多的意见。哪怕是去个公园，都能把各个公园的门票以及优惠期列个表出来，说提出者考虑不全面。当然，最初的时候，很多人会佩服其考虑周到。可是到了后来，他的所为就会转化为别人的厌恶和怨恨。所谓物极必反，他一直对别人的建议或者策划没有给出肯定意见，那么朋友最后将再不会采纳他的意见了，也许是惧怕，但大多数情况下是嫌他"麻烦"。反正一去询问，他就会说出种种不满的地方，不问，还觉得自己的建议很好，至少还有个好心情。

当然，不能说考虑全面或者提出意见是错误的。但是一定要把握好度，过度的否定也就让别人否定了你。正是你的种种意见，让别人觉得你很麻烦，跟着你很累。一件小小的事情有必要考虑那么多吗？因为跟着你，总是会暴露出自己的"不足"，自己怎么做都达不到你的要求，而且一准会被你的"火眼金睛"看出漏洞。你想，谁愿意总被别人看透呢？

在别人眼里，你永远是麻烦的，你总有考虑不完的事情，你总能从别人身上找出不足的地方，你总是想告诉别人怎么做会更好。别人开始会感激，但是久而久之，内心就开始厌烦，毕竟谁都愿意得到别人的肯定，而不是一味的否定。

【千年寒冰刻出来的"孤家寡人"】

李克在某公司担任部门经理，大家暗地里给他起了个外号，叫"冷面阎罗"。因为李克很少笑，永远是一副冷脸，就跟千年寒冰刻出来的一样。而且他手下的几个人最怕的就是周五下班之前的例会，那个例会被大家称为"如丧考妣会"。为什么呢？因为一到开会的时候，气氛就异常严肃，李克总会板着一张脸，准时到达会议室，然后把一叠文件重重地放在桌子上。

"嘭"的一声，所有人都把心悬了起来，然后用眼睛偷瞄那些文件，和神仙祈求不要有自己的。然而，一切都是老样子，李克开始翻阅文件，然后拿出一份，说出这份文件的上交人，让其简要阐述一下文件的内容。当其阐述完毕时，李克会说："你不觉得这份文件少了些什么吗？你这份文件如果缺……简直是太糟糕了。可是你居然没有想到，我如果没有看的话，这失败的东西就递交上去了，我们一定要做到完美！完美！怎么总是做不好？"语气坚决，带着责备。

其实，外人看来，李克是个非常尽职的经理。他和另外七个人一起应聘到公司的某个部门，因为工作勤恳，半年之后就被提到了部门经理的位置上。当上经理后，部门业绩在他的带领下有了大幅度的提升。公司里的人都夸他领导有方，他却还是谦虚地说自己做得不够，须要继续努力。

但是后来，他所带领的部门业绩开始下滑。李克觉得之所以部门业绩有所下降，是因为员工们不够努力，对工作考虑不周全，而他自己也对工作考虑有所欠缺，须要继续改善。所以，对于员工交上来的文件，他都会仔细研究，找出任何他不满意的地方。对于自己，更是严格要求，加班对于他来说简直是家常便饭。但就算他这么辛苦，部门的业绩依旧止步不前。

同时，他还发现，部门里的人看到他只是打个招呼就会匆忙走开，不会多说别的话，即使他心情很好，想多唠几句，也没有机会。而且有一次，他兴高采烈地筹划部门聚会，但是大家都以各种理由推托了，这让他很是郁闷。

有一天，他在卫生间听到了两名下属的谈话。

"不知道这次'冷面阎罗'又拿谁开刀了，每次一开例会，我感觉和世界末日一样。"

"是啊，不管我们把文件做得多么好，多么规整，他总能挑出些毛病，他怎么能挑出那么多的毛病呢？"

"我看李阎罗这辈子最大的遗憾就是少长了一双眼，不能给咱们挑出更多的毛病。他一次都没表扬过咱们。"

李克听出来他们说的"冷面阎罗"就是指自己，自己只是指出他们的不足，也是为他们好，而且他们的文件确实有很多不足的地方啊，他指出来就是希望他们下次做得更好。难道自己这样做错了吗？那天他通知例会不开了，然后就听见下面此起彼伏的放松呼吸声，这让他心里的失落更大了。

【气场修炼方略】

世界推销大王乔·吉拉德有口吃的毛病，在他很小的时候，他的母亲就不断地对他进行鼓励，提醒他是最棒的。之后，他克服了口吃，并最终成为世界推销大王。批评和否定只会打击别人，并且让别人远离。完美主义者怎么能忍受身边没有朋友呢，他们也希望自己的气场是强大的、吸引人的。

对待自己的孩子，即使他们的相貌、智力一般，绝大多数父母也会说："我的孩子是世界上最棒的。"在父母的眼里，自己的孩子总是最好的。他们的疼爱总是让他们看到孩子的长处，就算是短处，也能觉得是与众不同的。

完美主义者的眼光和这些疼爱孩子的父母是不同的，他们时时刻刻要求完美，批评他人和自我批评更是贯穿了他们的一生。对于别人的称赞和自己的成就，他们都很难接受，觉得自己不会做得那么好。而对于别人的成就，他们也会赞扬，同时在心里拿自己跟别人比较。

对于别人的成就，他们虽然会赞扬，但还是会说一些不要骄傲，哪些地方需要改进的话。对于自己，他们更是会狠狠地批评，而且胜于批评他人。他们对自己和他人都难以持肯定的态度，所以偶尔也就放大了别人的缺点和错误。为了达到完美，他们说出来的话有时候会很伤人，所以有些人就对他们敬而远之了，其实，他们也是渴望朋友的。

气场专家菲尔博士曾遇到过这样一对情侣，他们同为完美型，对人对事都十分挑剔，两个人在一起总是争吵不断，冷战、争执更是家常便饭。很奇怪的是两个人的人缘都不好，他们在不断的分分合合后，最终发现睡在自己旁边的还是那个讨厌的人。

他们试图解决彼此的矛盾，最终找到了菲尔博士。博士细心倾听完他们的讲述后，给两人分别写了一张字条，并且让两人发誓永远不要让对方看到自己的字条，然后神秘兮兮地将两张字条交给了这对情侣。两人接下来的生活，很快便发生了改变，这是让彼此都感到惊讶的。从大吵大闹到小吵小闹，从小吵小闹再到不吵不闹，两个人从来没像现在这么融洽过，就像5年前的那段热恋期。

其实，博士的两张字条写得很简单，给男方的是："当你想批评对方的时候，将它换成赞扬。"给女方的是："当获得赞扬时，也要给对方回应！"

这种方法看似有点荒唐，不过却真实有效。也许起初你是假意奉承，不过当对方不断地回应你时，感觉就变了，随之气场也在变化。

一个人得到肯定和得到否定所爆发出的力量是不同的。所以，想要让自己的气场强大起来，就须要学会对自己和身边的人说"yes"。

"yes"就像一片阳光，照散了批评和否定的阴霾，同时，"yes"也是一种强大的武器，扩展了完美型人的气场，让其变得强大。

想要影响他，就先肯定他，毕竟与对方观点相同才更容易让其接受。所以，说"yes"就是你气场的吸引力。

【迷津点拨】

相对而言，具有完美型人格的人比较公正。他们不是看不到别人的长处，而是别人的长处跟短处都能看见，当然，他们也十分清楚自己的优缺点。可是很多时候，他们总是将自己或者他人的缺点放大了很多。

俗话说"情人眼里出西施"，可惜的是完美型人格的人看任何人都不是西施。所以他们得培养自己"情人"的眼光。对别人的否定和批评就是源于他们对完美的追求，有"完美无瑕"这个词，却没有与之符合的物体。完美主义者一生都在追求完美，但是自己却始终没有达到完美的标准，当然，金无足赤，人无完人，所以根本不存在完美的东西。很久以前的一句广告词，大家也许都会记得："没有最好，只有更好。"这句话已经充分证明了完美是不可实现的。

维纳斯正是因为缺少了两条胳膊，才会引起人们的无限遐想，让人感受到其无限的美感。她的缺陷就转变成了她的优势。有缺陷的东西不一定都是不好的，同样，对于有缺点的朋友或者自己，不需要很苛刻。事情都是两面的，完美主义者须要多看到好的一方面，对别人和自己持肯定的态度。其实，有的事情自己或者他人已经做得很好了，只是自己没有看到好的方面而已。当你学会用肯定的语气跟别人说话的时候，你会发现大家也会对你笑脸相迎。尤其是具有完美型人格的领导者，再也不会被人称做"冷面阎罗"，毕竟，适当的赞扬是一种让人前进的动力，我们每个人都须要被肯定。所以，多说"yes"少说"no"是你提升气场的关键一步。

三、你像"超人"一样在保护别人

【你的大包大揽给自己惹来非议】

具有完美型人格的人很喜欢对大家负责，当身边人遭遇困难时，他们通常会仗义地站出来，将责任大包大揽地扛在自己身上。

在大家眼里，完美型的华是个有名的帅哥，也是个出了名的热心肠。左邻右舍，不管谁家有点困难，只要被他看到，不用招呼，他总是第一个出手相助。

这天，邻居张大爷正躺在院里的躺椅上听收音机，京剧《红灯记》那优美的唱腔通过那台小小的收音机，悠然地飘入耳际。张大爷陶醉其中，也情不自禁地跟着唱了起来。突然，动听的声音变得沙哑起来，好像收音机出了什么问题。张大爷拿起来左看看右瞧瞧，拍拍打打，还是不起任何作用。

这一幕，恰巧被路过的华看在眼里。他没有多想，习惯性地过来，对张大爷说："张大爷，我来吧！"张大爷用疑惑的眼光看着他，说："行吗？小伙子。""没问题。"华回答得干脆利落。

说干就干。华掏出螺丝刀，就把收音机的后盖打开了。谁知，华刚一动手，声音却戛然而止了。半个小时过去了，华早已急得满头大汗，而收音机反而像睡着了似的，没有任何反应。这下，华傻了眼。

张大爷也满脸的不悦，嘴里嘟嘟囔囔地说着："还不如刚才呢！不修，还凑合着能听呢。"

【他说我很好，最终却离开我】

杨子在某大型跨国公司工作，这是一家海内外知名的世界500强企业。出身好，家世好，外加长相漂亮，杨子的条件自然不必多说，算是时下比较出色的女性，追求她的人不夸张地说有一个加强排，而这其中又不乏富二代、家世显赫的公子之流。

不过杨子有一点清高，正眼斜眼就是看不上他们，潜意识里认为他们是"金玉其外败絮其中"，名车、别墅，这些出手阔绰的大佬纷纷一掷千金，但愣是没让杨子动心。

一次偶然的机会，杨子邂逅一个帅哥，准确地说该帅哥应该是"潜力股"，很有头脑的一个小伙子。小伙子当时正在申请专利，思索如何开家公司将自己设计的产品推向市场。他的一些想法很是打动杨子，使她对这个"创业派"十分有好感。

很快，两人成为了好朋友，并且关系越来越近，小伙子时常将自己的想法和规划告诉杨子，两人来往不断。有一次，杨子直接去了小伙子的家，两人就这么自然而然地在一起了。

杨子从心里欣赏对方，十分看好并相信他日后会发光发热。在确立关系后，两人开始一同为日后创建公司作准备，这期间杨子动用了一些自己的人脉，常常麻烦自己的朋友跑上跑下，最终公司如愿以偿地开始运行。

杨子的业务能力强、人脉又非常广泛，公司刚一开张就比较顺利，很快就赢利运行了。

短短两年，公司就从当初的5个人发展到如今的30人，可以说成长很快，并且效益不错。杨子事无巨细，总是打理得井井有条，深受下属爱戴。在公司里，杨子的身份虽然是总监，不过员工都亲切地称呼她为老板娘。大家有事更喜欢找老板娘，而不是找老板。

白天在公司一起工作，晚上又一同回家，两人将全部身心都投入到公司的发展以及未来的规划上。

有一次，两人因为一名员工的离职发生了争执，人是杨子炒掉的，他是小伙子的一个朋友，因此小伙子有点生气，指责杨子没有告诉他。

争吵总是会让人失去理智，越吵两人的火气越大，从工作到生活，一下翻了个底朝天。当新旧琐事都纠结在一起时，小伙子终于无法忍受了，说了一句："那公司是我开的，凡事你来作决定让我压力很大，员工对我的能力很是质疑，我没了老板的威望。"

杨子觉得自己付出全部却不被认可，有点委屈。就这样，二人的感情日益淡薄。在最后的晚餐时，小伙子对她说："其实你很好，但更适合做朋友，而不是爱人。"

杨子沉思半晌，最终带着心碎离开。

【气场修炼方略】

我们为杨子感到惋惜。不过，这也从侧面反映出完美型人的通病，事无巨细均要过问，让别人压力很大。杨子的专业能力以及人缘、人品都无可厚非，但为何这么完美的女人会遭到伴侣遗弃，原因就是她过于追求极致。

如果是其他类型，比如助人型、平和型，即使是在创业初期用自己的能力为对方创造机会，但在公司规模成熟时也会选择功成身退，或者将大权交出。完美型人就是太过于事业、爱情两手抓了。当事业和感情纠结在一起时，矛盾迟早是会产生的。

奥利弗是一位年轻帅气且有才干的白领，他已婚并有两个可爱的孩子，可以说他拥有一个幸福的四口之家。奥利弗在外面常常赢得别人的掌声和赞许，但很奇怪的是他的妻子并不喜欢，有时候甚至不愿意与他出席一些晚会或者正常的社交应酬，她情愿待在家里。

这让奥利弗十分困惑，每当别人带着盛装打扮的妻子出席晚会时，帅气的奥利弗却总是形单影只地与宾客们应酬，心中难免有一点空荡荡的。

他曾问过自己的妻子，妻子摇摇头示意他很棒，只不过她不喜欢他的方式。奥利弗与妻子陷入冷战中，原本和睦的家庭也变得风雨飘摇。他总是对自己的朋友说："我的朋友，我敢说你想象不到，她是一个想法多么奇怪的女人。我娶她时，我可没有发现她是如此不通礼节。"

一气之下，奥利弗搬到公司暂住，一个礼拜回家一次。有一次他回到家时，儿子正可怜兮兮地躺在床上，脸上和胳膊上全是瘀青。一问才知道，他的同学讥讽他的父亲不要他了，儿子因为气愤和同学打了一架。瞬间，奥利弗的眼睛湿润了，他紧紧抱住自己的儿子，开始后悔自己的冲动。

那一夜，奥利弗与妻子心平气和地谈心，妻子的话像针一样扎在他的心里。"亲爱的，你知不知道外面有多少人在取笑你，当我与其他的夫人们聊天时，她们都戏谑我为'明星夫人'，你知道我当时脸上有多烫吗？我都想找个地缝钻进去。噢，那简直就是噩梦。"

原来，奥利弗是一个很喜欢展示自我的人，时常在晚会上大秀舞技，就如同人群中的明星。无论是在何种场合，他都不会忘记展示自己的才艺，小露一手。以前人们比较关注的是他事业上的才华，但后来他却变成了一场晚会的"演员"，且在表演时过于张扬，这一方面于无形中将其他朋友比了下去，引来了他人的嫉妒，另一方面给人一种哗众取宠的感觉。这让他的妻子觉得十分丢脸，而奥利弗却热情十足，浑然不觉。

听完这些话，奥利弗紧紧搂住了自己的妻子，他将自己引以为荣每天擦得锃亮的舞鞋放回了鞋盒，等到真正有用时再派用场。这一次，妻子终于破涕为笑。

做人追求完美本身就是一种缺陷，应当让完美主义少一点。别将自己弄得过于强势，凡事你都"OK"，这会让你很累。

懂得说"NO"，这很重要。也许你认为这会让你出丑，但如果凡事你都出风头，这不就是让别人相形见绌吗？假如你跳舞很好，那么当别人问你是否会唱歌时，委婉地说"no"，给别人一次上台表现的机会。

【迷津点拨】

你在人群中就像超人一样，既爱自己出风头，又喜欢保护别人，从而让别人失去了自救能力。就如同电影《超人》一样，当人们遭遇灾难后，不再考虑如何自救，而是等待那个身披红斗篷穿红内裤的家伙。

完美型人的气场可谓是相对强势的，这类型的人时常遭受其他类型的追捧，并且完美型的成功名人相对较多，因为他们善于展现自我。不过如果过于频繁地表现自己，就会让人失去兴趣，而沦为一位免费的业余艺人。打个简单的比方，就像是电视中那些永远只有一首代表曲目的二流歌手。

乐坛的一代天后王菲，就是气场十分强大的女人。她从来不会因为歌迷或者朋友的叫好就改变初衷，返场再献技，她说唱几首就是几首，唱完就下台。我们总是要给自己留一点余地，给别人期待与想象的空间，以备不时之需，就像饭只吃八分饱一样。

无论是在生活中，还是在事业上，完美型人都很惯于以我为主，担当一种"地主"的角色。将别人的错误承担在自己身上，这本身就是一种错误，既放任了别人，也让自己平白无故地染黑。要试着给别人改正的机会，也要试着给别人展示的机会，不要总是抢了别人的风头，一副大佬做派。

四、给别人大棒时，请记得事后给甜枣

【给别人大棒时，记得事后给甜枣】

完美型人是时刻处在主观想法中的人，他不会因为这个公司不是自己的，就当一天和尚撞一天钟，而是潜意识里认为公司是自己的，或者说有一天自己会坐上老总的位置。

拿破仑有句名言："不想当将军的士兵，不是好士兵。"是的，完美型人是一名好士兵，也是一位未来可以当将军的士兵。所以，他们对自己、对他人要求严格就不难理解了，因为他们潜意识里就认为自己未来是对别人发号施令的老板。

这种处处与人计较，凡事要求严格的性格，自然会遭到其他类型人的排挤，因为他们太强势了。很多完美型人是团队中的骨干，论官职其实很小，但在日常工作中发挥的作用却很大，因为对于凡事都要做到最好的完美型来说，瑕疵就是一种让他无法容忍的缺陷。

这种性格让完美型人从小就是"好学生"，小时候得的奖状差不多能贴满墙。因为从小就被定义为榜样，所以一直严格要求自己，在工作后也会频繁得到上司的赞赏，因为总是以比别人更高的标准要求自己，所以总是人群中最出色的那一个。

完美型人总是不满意别人的工作以及工作态度，所以自然会对同事的工作指手画脚，会习惯在别人的工作中寻找瑕疵，像一个带了放大镜的侦探在耐心寻找案犯留下的蛛丝马迹。其实这样做的结果是，让同事以及朋友对他十分反感。有时，他的高标准甚至让周围人叫苦不迭，所以他的人缘有点差。

完美型人具有强气场，不过却是负极气场，让人感受的全部是压迫力，而没有亲和力。这样的气场越强，别人只会越惧怕、讨厌而不喜欢和其相处。

【我无法忍受别人对待生活的瑕疵】

在职场辛苦奋斗了5年，唐军终于开了一家自己的公司，公司规模不大，20来人，不过效益不错。他希望未来可以更好，而且并不满足于此，可以说他是一个野心家。他常常身先士卒，身为老板却时常加班到半夜才拖着疲惫的身体离开公司，而每当他回头看时，整个办公大楼早已漆黑一片。

唐军是个工作狂，对工作追求完美，有时候因为一点小问题，他都要重新去审阅，而后将下属骂得狗血喷头。这一天，他照例在公司里加班，工作到很晚后，忽然想起来第二天是他的生日，他以为会有人记得，便拿着手机悄悄等待着。

午夜过后，很意外的是手机异常平静，回家之后他将手机放在枕边，除了早晨收到10086发来的提示短信外，没有人送来任何祝福。他强忍着失望去了公司，以为下属最起码会给自己一些惊喜吧，然而整整一天大家都跟平日一样，忙得不可开交。

唐军在办公室里十分郁闷，而后给自己的几个朋友打电话，不是不接，就是说忙，还没等唐军开口说"今天是我的生日，晚上出来聚一下吧"，那边早已匆匆挂了电话。

他接连期望又接连失望，正好下属送来策划案，他捺着性子看下去。读着读着竟然在策划案中发现了错别字，他打开门走到那位下属面前，将策划案摔在他的桌子上，不断地问他是怎么上学的，怎么大学毕业的，读没读过书，毫不顾及下属的面子，最终将那个男孩训哭了。

第二天，十来份辞职报告像纸片一样落在了唐军的办公桌上。他看到辞职的理由大同小异，不是家里有事就是工作太累，总之是一些不痛不痒又合乎情理的借口。唐军试图找下属谈谈，但结果是没得谈。最终他拉不下面子，拿起自己的派克笔一挥，放他们走了。

接下来的日子，唐军可谓吃尽了苦头，员工工作效率降低了不少，很多业务因为人员流失而丢失。当初意图从鸡崽儿变成凤凰的公司，现在越来越接近麻雀了。

一件事情的发生让唐军十分感慨。有一天，唐军偶然听到下属们正在议论第二天晚上给同事过生日，大家都兴致勃勃地讨论着送什么。那名下属给唐军的印象并不深，因为他的能力很一般，谈不上优秀。

第二天，那名下属收到了很多礼物，而且很多都价值不菲，而最贵的那件是老板唐军送的。下属们显然有些意外，而更意外的是在下班之后，老板安排大家一起去吃饭为那名同事过生日。那一天，唐军就像换了一个人，跟下属开着玩笑，大家其乐融融地在一起，就像朋友一样。

为何唐军会有如此大的改变？因为那天晚上他看着下属兴高采烈的模样，忽然意识到自己平日里对他们太严厉、太苛刻了。

仅仅是为下属办了一次生日party，但下属和自己的距离明显拉近了，偶尔还会关心一下自己。唐军做事依然认真，不过开始用尽量直接、语气和善的方式。当他的生日再次来临时，他收到了很多人的祝福。

【气场修炼方略】

完美型如唐军这种人，多如牛毛。他们的气场是强势的，不过更多是压迫力而非亲和力。

持续的压迫力会让他们的同事、朋友逐渐地远离，哪怕是陌生人都会选择与他们保持距离。毕竟每个人都是自己世界的国王，没有人愿意对别人俯首称臣。

有很多完美型人会陷入一种误区：当他们遭到别人反抗后，会十分愤怒，认为自己太过仁慈，所以就会以暴制暴，更加厉害地还以颜色。这只会带来两种负面的结果，第一种是对方短暂地屈服，待羽翼丰满后一定会还以颜色。第二种是对方誓死抵抗，与其奋战到底，拼个鱼死网破。

"生命诚可贵，爱情价更高，若为自由故，两者皆可抛。"这便是我们对自由的向往。有时候你越希望操控某个人，他越想逃离。其实他也不确定逃离你的魔爪后是否就会过得更好，但他一定会与你抗战到底。这便是气场的反作用，你散发的气场越强大，大家越不待见你，从内心深处抗拒你。

中国有句古话叫"恩威并施"，用白话说就是："大棒＋甜枣。"项羽一直被后世歉歔为悲情英雄，看他身边的重臣最终跑了多少，直接加入刘邦阵营的又有多少，其结局就不难理解了。以现代人的话来说，就是气场十分强大，但散发的是压迫力，当下属的忍耐达到一个极限后便会选择离开。所以，是他用"大棒"打跑了很多骁将，最终自己也落入了十面埋伏自刎而死的结局，这实在不足为惜。

【迷津点拨】

做人之理，为官之道，莫不讲究"大棒＋甜枣"，同样，对于完美型人，在生活中也是如此。你总是习惯一棒子将别人打死，一竿子将一船人打翻。这种打击他人自尊的方式，只会让别人对你产生痛恨，也会为自己制造更多的障碍。

五、你总是占小便宜吃大亏

【嫉妒、怀疑、无端地遐想】

一场舞会正在进行，你和一群朋友坐在一个角落里谈话。忽然，不远处走来一位气质形象俱佳的异性。他和你周围的一个朋友谈话，或者邀请其跳舞，没有邀请你。突然，你心里有点沮丧，感觉自己被冷落了，对朋友也心存忌妒，对于那位异性，则鄙夷他没有眼光，因为他没有挑选你谈话或者跳舞。

这未免有些太过小气了，虽然你不会明着说出口，但一定会用讥讽的方式点燃内心嫉妒的小火苗。

完美主义者会经常觉得很矛盾，他们总是把很多东西理想化，希望一切都处于理想状态。但是理想很丰满，现实却很骨感，很多东西不是顺着理想发展的，现实的尖锐总会把完美主义者的美好理想戳破。

完美主义者很多时候追求一种平衡的状态，就是既希望别人变好，但是又希望别人的好不要超过自己，让自己成为别人眼里的焦点，而周围的人也很优秀（但是最好不要超过他）。这就充分体现了部分完美型人的小家子气。

这样的小家子气让人挺讨厌的，甚至很多人将其归结为虚伪和嫉妒。所以，想要把自己的气场变得强大，就要和这些小家子气说再见。完美主义者对于自己和他人的优缺点都比较在意，所以想要告别这些小家子气，就要学会不在意，减少自己对别人的遐想和嫉妒。寻找自己的幸福更加重要，不要总是将注意力放在别人身上。

其实，对于别人的不在意能换来别人对你的在意，你的不在意对于很多人来说是一种神秘感，会使他们想靠近你揭开你神秘的面纱，这种神秘感就是你气场散发的一种方式。

【我总是控制不了自己的小家子气】

一张离婚协议书扔在了海梅面前，老公的名字赫然签在了上面，老公缄默地看着她，没有一丝爱怜。

故事要从他们结婚前开始说起，那时候两人处于坠入爱河的初始阶段，天天人前人后地大秀恩爱，恨不得让别人都羡慕嫉妒。那时候，两人就像前世相识一般的深情，如同歌词里唱道的"爱是一道光"，两人竟然闪婚，并且是悄无声息地偷偷结了。

仅仅几个月，海梅的无名指就悄无声息地戴上了钻戒，这让同事十分好奇，细问之下才知道两人已经领完证了。这下同事、朋友、亲戚可不干了，说什么都要让他们把这婚礼补办上，说这也太不听从组织安排了，还敢私订终身。

海梅和老公在被各路人马教育改造后，最终选择在半年后举办婚礼。两人的婚后生活一直很甜蜜，虽然偶有小打小闹，不过更像是一种幸福的烦恼。

真正的问题产生在结婚当天，因为海梅的老公玉树临风，又是从事文艺工作的，等到结婚当天，着实让海梅吓了一跳，老公亲友团里的美女足足坐了两大桌，其中不乏那种让人不忍转移视线的美女。两人过去敬酒时，美女们调侃她老公抛弃了她们。海梅笑容僵硬，显然有点挂不住了。

虽然海梅仪态大方地办完婚礼，不过却种下了心结。回家之后，海梅不时言语讥讽白天席上的那些美女，称其为小三、小狐狸精。

开始老公还好声好气地哄她，说她是醋坛子，后来她的絮叨让老公有些烦，拿着枕头去客厅睡了。新婚之夜，独守空房，海梅在房间中泣不成声。

第二天，老公看着哭红双眼的海梅有些心疼，一遍遍地对她说对不起，但海梅心中的结算是解不开了。两人去三亚度蜜月，正巧老公的朋友也在那边取景拍照，她与老公的艺人朋友以及助理四个人坐在一起，看着老公与朋友聊得甚欢，她独自一个人回房间了。

日后，这种磕磕绊绊越来越频繁，虽然海梅的朋友以前提醒过她，说她老公是文艺工作者，可能会招惹小姑娘，让她别嫁。但当时她并未在意，现在才真正体会到其中的痛苦。老公的女人缘好得出奇，而且她时常怀疑他有小三。

老公每次回来，她都要先往他身上嗅一下，而后偷偷检查手机、钱夹之类的，而这在当初是绝对没有的。老公眼中的深情越来越淡，转而是迷茫和厌烦，最终扔给她这张离婚协议书，理由很简单，就是性格不合。

【气场修炼方略】

海梅的这种经历，很多女人可能都感同身受，而完美型人更是如此。因为完美型人是一类喜欢比较的人，时常会很注意地观察一个人，把自己与对方对比，而后从对方的弱点上找到自信，以此提升自己的气场。

但倘若他们遇到一个比自己更加完美的人，他们的一切自信都会被推倒，就像多米诺骨牌一样。完美型的气场更像是一只在不断充气的气球，在对身边人拥有优越感时，他们会应付自如，仪态大方，举止得体，堪称完美。但只要身边出现一位更加完美的人，便会将注意力放在对方身上，与之比较一番。假如他们技不如人，或者与对方差距太过明显，那么他们的气球就会被对方的"针"刺破，而后爆掉。

这也就不难理解，为什么很多人在不同的场合有不同的气场，因为气场是会变化的。而真正气场强大的人，会懂得收放自如，不会一味地讲求唯我独尊。用路人的气场去与明星相提并论，那绝对是星星和太阳比光芒。

正因为海梅在老公眼里有一种邻家姑娘的可爱，他才会最终决定选择她，而没想到的是，这位邻家姑娘也十分喜欢争，喜欢斗，最终两人走到了婚姻的尽头。

【迷津点拨】

何为小家子气？就是当你争得多了，别人让得多了以后，你还得寸进尺。中国是个讲究礼让三分的国家，如果你有很强的气场，很多人最初通常会选择忍让，但这不代表别人一辈子都会让着你。

当别人让得烦了，对你的容忍达到极限了，就会选择对你进行最直接的打击，甚至是致命性的打击，往往品尝苦果的是你自己，所以你总是"占小便宜，吃大亏"。这也是古话讲"可怜之人必有可恨之处"的缘由。

真正的大智慧是大智若愚，我们经常会看到一些类似于童话的真实故事：一位灰姑娘嫁入豪门，而那家豪门是连娱乐圈里的大明星、社交名媛都嫁不进去的。

明星有明星的架子，平凡人有平凡人的气场，这就是两者之间的区别。海梅始终没有想通的是，即使对方明星姿色在上等，她老公最终选择的不还是她嘛。

从某种意义上说，如果一个男人愿跪在你面前，为你的无名指戴上钻戒，那么你已经赢了他身边的所有女人。

六、别用质疑吓跑了周围的朋友

【他们是不是不在乎我】

人际交往中，完美型人格的人非常在意自己在别人眼中的感觉。他们希望能在别人的眼中获得肯定，让别人对他们有欣赏和敬佩的感觉。他们希望自己有很多的朋友，而且这些朋友一定要对他们真心相待。"真心相待"这个词让完美型人感到纠结，因为他们时常思考自己和朋友间的事情，并且总是从一些小事中生出许多无端的猜忌。旁人看来，这是一件很无聊的事情，但是对于完美型人格的人来说，这种事情却很重要。

他们会从一些小事中猜想朋友的哪句话是真的，哪句话是假的，朋友在乎的是他们的哪一方面，朋友是不是口是心非。他们经常会通过忽然消失的方式来测试朋友的真心，看看朋友是否在乎他们。那段时间，他们不上线，不回电，也不给任何人打电话联系，就好像真的从人间蒸发了一样。如果有人总是打电话或者发信息联系他们，询问他们不出现的原因，或者直接来看他们，他们就会感激涕零，觉得这样的朋友是真的朋友。反之，那些不联系他们的朋友，则让他们心生怀疑，怀疑这些朋友是否在意他们。对于这些人，他们会借机讽刺，但是"不在乎"他们的朋友并不知道哪里得罪了他们，最终因受不了他们的无理取闹离他们而去。

还有一种情况就是一群朋友在一起，其中一个朋友特别照顾其中某一个人，完美型人的心里就会感觉不平衡，觉得那个朋友不在意自己，会找机会向朋友发泄怨气，让朋友十分不解。其实他是多心了，或者说是有些小心眼。当然，这种表现也可归结为上一节所说的小家子气。

总之，完美型的人害怕被冷落，他们总是不停地问自己："他们是不是在乎我？"

【故意消失试探，只会失去更多的朋友】

李蕾最近心里很不舒服，几个平常要好的朋友外出旅游，居然没有叫上她，平常大家都是一起出去的，这次她居然落单了。"难道她们真的不在乎我吗？"李蕾想着想着就延伸出了怒火：这些人平常都薄情寡义，用自己的时候就出来，不用的时候就冷落自己，口是心非，根本不在意自己。

"谁是真正的朋友呢？"她问自己，然后想想周围的几个朋友，也难以判断。"真正的朋友会关心我、在乎我的。"李蕾自言自语道，然后一个想法就从她的脑海闪现出来。

那一段时间，李蕾好像从人间蒸发了一样，不上QQ，不开邮箱，发信息不回，打电话不是没人接就是关机。联系她的人很着急，不停地给她打电话，发信息。其实，李蕾并没有消失，而是像平常一样生活，只是想玩玩"失踪"罢了。晚上，她看见一堆未接电话和一堆短信，开心得不得了。打开QQ，也能发现有人和她说话，还有好几封邮件询问她怎么了。

她高兴的同时也有一丝失落，因为她自认为的几个好朋友居然没有联系她，好像她是否失踪和他们没有关系，看来他们是真的不在乎自己。对于那些来电、发信息、发邮件的朋友，她非常感激。终于有一天，她的电话打通了，电话那边的人问她最近是怎么回事，她说出去散心几天。然后，她的"失踪事件"就宣告结束了。

对于没有联系她的朋友，她开始疏远他们。那些朋友也不知道是怎么回事，对于她的疏远感到很奇怪。偶然一次，她和一个刻意"疏远"的朋友相遇了，并且在一起吃饭时，她找了个理由，狠狠地说了那个朋友一顿。

朋友被激怒，两人发生了口角，弄得彼此以后互不来往。类似于这样的情况还有几次，那几个被她"疏远"的朋友不知道怎么了，莫名就激怒了她，然后，大家的关系就越来越远。李蕾失去了几个很要好的朋友，内心也感觉很难过，不知道该怎么办。

一个和她从小一起长大的朋友很了解她，于是告诉她不要太在乎别人的感觉，对于生活和朋友不要质疑，不论一个人如何，总有喜欢和不喜欢他的人。做到人人都喜欢是不可能的，就算是人民币，也只有中国人喜欢而已。她之所以会失去这些朋友，是因为她对生活和朋友产生了质疑。

李蕾明白了朋友的话，于是开始放宽心和朋友去相处，对于生活中的一些小事，也开始不太在意。后来她了解到，那次朋友出游没有叫她是因为打她的手机正好关机了，大家又难得有时间，不舍得就此散开，是她自己多心了。李蕾不再纠结于此，她"疏远"的朋友回来了一些，但是有一些却永远回不来了，这些朋友的失去给了她一个教训：质疑朋友是会失去朋友的。

【气场修炼方略】

有句话说得好："不是别人不在意你，是你太在意别人了。"完美主义者之所以对于生活和朋友产生质疑，就是因为他们太在意外界对自己的评价。质疑会让一个人的内心不坚定，对朋友的质疑，对生活的质疑，都会让完美主义者无法坚持对朋友、对生活的态度。

其实，每个完美主义者都会比较累，因为他们想得太多，虽然有些事情是没必要的，但是他们还是要想，而且一般不往好的方面想。这是他们对自己、对生活不坚定的一种表现。不论怎样，生活都是沿着一定的轨迹走的，无须质疑，对于朋友也是。

"最后留下的就是朋友"。所以，不用对自己的朋友质疑，也不须要对朋友试探，真正的朋友是最后留在你身边的，不一定是你消失的时候就出现找你，或者为你着急的人，通常只有债主才会心急如焚。

气场分为正负两极，正极时完美型人就是人群中闪亮的那颗星，让人印象深刻，眼前一亮；负极时完美型人会怀疑这世界的一切，觉得什么都是假的，而且"怨念"强烈。

所以，坚定的生活态度也是完美主义者提升气场必修的一节课。在2010年中央电视台的春节联欢晚会上，郭冬临有一句话说得很经典：你用谎言去验证谎言，得到的只能是谎言。而完美主义者用"消失"去验证朋友，得到的能是真的朋友吗？

完美主义者渴望得到朋友，首先就要对朋友有个坚定的态度，人都喜欢和信任自己的人在一起。坚定，也是一种气场，并且是强有力的气场，用你坚定的笑容、坚定的心、坚定的生活态度去对待朋友，他们都将被你的气场所吸引。

【迷津点拨】

产生质疑，便是态度的不肯定。你对别人不肯定，别人也就会对你不肯定，生活是平等的。如果双方都不肯定，最终难以走到一起。所以，对周围的人质疑，周围的人终究会离开你。有时候，对于某些事情费尽心力去分析，是没有结果的，就如同李蕾，对于旅游的事情，开始怀疑自己的朋友，到最后疏远甚至丢失了朋友，这是得不偿失的。

坚定，作为质疑的反义词，对于完美主义者来说非常重要。完美主义者虽然做事有原则，尽善尽美，但是也正是因为讲究完美，内心通常都是不坚定的。对自己是这样，对朋友也是这样，甚至对生活态度都充满了质疑。

所以，他们必须学会坚定，这样自己的人格魅力就会变得强大。能坚定生活、坚定自己的人有种让人喜欢的倔犟，这不是追求完美的偏执，恰恰相反，不坚定才是完美主义者的偏执。

第二章　助人型气场秘术

助人型人格在九型人格中是最有爱的一型，通常还称这一型为"雷锋型""给予型"。我们生活中的好好先生或者好好小姐基本都属于这一型。他们乐于助人，慷慨大方，性情随和，很多人都喜欢他们。

他们很在意和别人的关系，为了和他人保持良好的关系，经常迁就别人。对于别人，他们很乐意伸出援助的双手，但是他们自己需要帮助的时候，却经常被忽略。当然，他们也有不愉快的时候，比如别人拒绝了他们的帮助，他们就会觉得非常难过。

他们喜欢满足别人的需求，而且尽自己的全力去满足，他们也很少向别人提出要求。别人觉得他们很能干，但是他们却常常不自信，需要别人来肯定自己，帮助别人就是一种肯定自己的方式。

他们有时候不喜欢和人走得太亲近，因为害怕别人觉察到他们的行动从而失去相对于他们的神秘感，甚至害怕与他人走得太近，会让人误解和猜疑。

但是有时候他们也比较自私，他们花费了很多的心思和力气帮助别人，还是希望从中得到回报的，并且希望控制别人。也就是说某些助人型的人，是有目的地帮助他人。另外，他们的占有欲是很强的，尤其是对朋友的占有欲。他们希望自己是朋友的唯一，朋友有了困难或者快乐，自己是第一个分享人。如果朋友没有这样做，他们的内心就会比较失望。

凡此种种，使得助人型人格的人通常都气场较弱，很容易受到外界的影响，自己也容易疲劳、被操控，常常会产生挫折感。要想改变这些情况，获得强大的正面气场，就要加强修炼。关于助人型正面气场的修炼，我们须要对前面的分析作一个客观的总结。以上分析从根本上说完全可以总结为一句话：找不到自己。想要解决这个问题，那就不得不让自己变得"自私"一点，学会以自我为原点来考虑问题，继而有所行动。下面的这些小技巧能够让助人型的朋友重新找回自我、提升自我。

一、加强自我意识，规划自我行动。应该把注意力转移到自己身上，每天主动询问自己的要求和需要是什么。而且应该有意识地将自己的要求和需要放在第一位。

二、适度地克制自己。一旦为他人做了什么事情，不要拿这件事去提醒别人自己对他们的好。

三、建立新习惯，不要总是主动地、情不自禁地为别人操心，帮助别人。有意识地培养新行为，并不断地重复，直到这个行为融入自己的生活，成为习惯。

四、卷心菜练习。助人型的人内心过度谦卑，容易受到别人轻慢的对待。把周围人当做卷心菜，练习自尊、自信的语气、声调、眼神、身体姿势，并慢慢地运用到实际中。

五、正确地认识自己。总结自己，客观地评价自己，认识自己对他人的真正价值。既不要过分骄傲，夸大自己的重要性，也不应该表现得过于卑微。

六、学习保护能量。助人型人的能量容易被别人吸收走，使他们常常感到精疲力竭，因此他们需要练习如何封闭能量。封闭能量的身体姿势：双手交叉，让拇指与其他手指碰触在一起，这样能量就不会再流失。

以上这六个技巧能够有效帮助助人型的朋友找回自我，逐渐形成以自我为核心的思考、行动习惯，进一步修炼、增强自己的气场，从而慢慢活出自我，吸引以至影响别人。

一、别当闲人"马大姐"

【别人喜欢我，是因为我乐于助人】

我们常说乐于助人是好事，但当代却没有多少人愿意去当"活雷锋"。因为当代社会太现实了，精神的草莓远比不上物质的蛋糕来得实在。

我们无法说如今不好，因为时代变了，当初与现在的差距太大，所以当今社会人情淡漠就显得是人之常情了。大家都很忙，忙着做自己的事情，也只有自己的事情才能真正地带来实质的利益，才能提高自己的生活品质。

很多人都说："人不为己，天诛地灭。"可是现实中就有这么一些人，真的会被"天诛地灭"。如果别人有了和他们相同的需求，他们会让给别人。很多人说爱情是自私的，估计在爱情面前，这些人都会让出去。因为在他们看来，牺牲自己，成全别人，也是美事一桩，虽然自己难过得要死。

助人型的人最大的特点就是热心，总是热忱地去帮助别人，在潜意识里总是认为"如果我不帮助别人，别人就不会喜欢我"。但其实，真正喜欢他的人不一定是因为喜欢他帮助自己，或许助人型的人并未发现这一点。

我们总是会习惯性地思考，比如说作家会潜意识地认为，自己的妻子是被自己的才华所打动才爱上自己的，并且沾沾自喜。但现实可能是，他的妻子也许开始是被他的文字所吸引，但后来爱上的是他这个人，而不是他的才华。或者她并不在乎他的著作，但他显然不知。

助人型的人会因为帮助他人而获得快乐和认同，从而认为体现了自己的价值。不过倘若将全部精力用来帮助他人的话，他们的生活会变得很忙碌。大家都会将琐事交给他们，然后给他们一颗精神大枣，他们便因此忙活一天。

【帮别人帮到最后的一穷二白】

大李是街坊邻里的名人，因为只要你有求于他，他一定会满口答应下来。大李也确实有点本事，从小聪明爱动手，拉个电线，修个电器，甚至汽车维修也略知一二，基本上什么东西他都能鼓捣。这让大李在邻里之间十分受欢迎。

只要大李下班回到小巷，那问候是热情甜蜜，一声高过一声，大有百姓明星的架势。大李很享受这种感觉，大家喜欢自己，自己也喜欢大家，其乐融融。不过大李媳妇可并不这么想，她觉得大李傻，而且傻得冒泡。

比如说，今天张嫂家的洗衣机坏了，叫大李来修。上次机器坏了，找大李修时大李没在家，张嫂家爷们儿鼓捣一天也给修好了。但这次又坏，张嫂却说啥都要找大李修，说自己家爷们儿修得不专业，说白了就是怕把自己爷们儿累倒而找的借口。

这可是恨坏了大李媳妇，毕竟心疼自己老公，他又不是铁做的。今天帮这个，明天帮那个，有时候得鼓捣到后半夜，白天还得去厂子上班，她还怕大李累坏了呢。

开始是没爷们儿的找大李帮忙，后来是爷们儿不在家的找大李帮忙，现在是家里爷们儿喝着茶水抽着烟，大李蹲在地上忙活。大李嘴上不说，但其实心里也有点明白，觉得这样不是个事，他经常晚上回家累得连澡都没洗就睡着了。

有一次大李照例帮忙，又忙到晚上10点多。平时都是街坊待他结束了，准备好饭菜，毕竟吃人家嘴软。但这次不同，邻居可能是嫌麻烦，直接甩给大李一张20元钞票。

但事情不是那么回事，大李回绝了，缄口不言。对方爷们儿也是向枪口上撞，问大李是不是嫌少啊，叫媳妇再加5元。这回大李可彻底火了，直接抓过对方手中的钱，摔在地上走了。

从那以后谁再找上门，大李通通回绝，一律不帮。

【气场修炼方略】

在人与人的交往中，付出是必然的。但如果一方一味地付出，一方一味地索取，那么他们之间的关系最终会难以维持或者说彻底破裂。这就如同磁铁的正负两极，相互吸引，但并不利于长期存在。只有付出和索取均衡了，双方才能走得更远。

助人型人格的人就属于那种一味付出的人，很多的时候，大家不知道他们是不是真的不需要帮助。其实他们不是不需要回报，相反，他们还是很高兴别人回报他们的。

曾经有一个男人向菲尔博士抱怨，最近他的老婆十分差劲，连房间都不收拾，饭也不做，每天待在家里看电视，玩游戏。他仿佛受了莫大的委屈，理直气壮地打算与她离婚。

但菲尔博士听过后，问他一个问题："你平时回到家都做什么呢？"男人想了想说："我噢，每天下班回家很累，坐在沙发上放松一下，看看电视，打几盘游戏。"男人不知不觉地说完。看到博士意味深长的笑容，他才恍然大悟。

有的人气场强，有的人气场弱，气场强的人会主动吸引气场弱的人。后者被征服或支配，在所难免。朋友之间如此，爱人之间如此，同事之间如此，哪怕是两个素不相识的陌生人，在简单的接触后也会分为主动与被动。

助人型的人气场相对偏弱，但与强势的压制力不同，助人型的人大多数拥有亲和力，大家都很喜欢他们，但他们有时候难免会被欺负，因为他们太好说话了。倘若将自己的气场增强，再加上与生俱来的亲和力，人群之中绝对是他们最亮眼！

【迷津点拨】

在这个世界，雷锋还是存在的，助人型人格的人就是这个世界上的"活雷锋"。他们真心实意地为他人做事，把别人的事情当成自己的事情来做，把自己的事情当成外人的事情来做，真可谓是"舍己为人"的杰出模范了。

可是不论怎么说，最清楚自己的人还是自己，一个人也不可能做完自己所需要的所有事情，毕竟个人能力有限，但是别人可以帮你完成。

俗语有云："来而不往非礼也！"你不吝啬帮助别人，别人也会积极地回报你，在相互帮助中才能建立起更加牢靠的关系。

吸引是气场非常重要的一部分，建立牢固的关系是需要吸引作为前提的。你的困难，就是吸引别人的一个起点，说出困难，让别人知道你需要帮助，让别人也体验一下帮助你这个"老好人"的感觉，他会更高兴呢。而且因为你平常的无私帮助，大家对你很喜爱，能帮助你，他会觉得是非常荣幸的事情，从而更加乐意和你交往。

这样做，既满足了别人，也满足了自己的需要，何乐而不为呢？

二、做回真正的自己

【我的存在需要别人的肯定】

九型人格中，最在意别人眼光的应该是助人型的人了。他们之所以非常在意别人的眼光，是因为需要从别人的认可中肯定自己。他们总是积极而主动地提供帮助，看似非常独立，却对人很依赖。没有别人对他们的肯定，他们通常难以认可自己，也就是说他们很多时候不自信。

做事的时候，他们需要别人的意见，可以说别人的意见才是他们做事的主导者。也就是说他们很多的时候没有主见，甚至做很多事情都不是自己的意愿，而是出自别人的意愿。

没有自我的人会给人听之任之的感觉。所以超级有爱的助人型要注意了，考虑别人的同时也参考一下自己的意见。并不是别人的意见就都是好的，有时候自己的意见往往是最正确的。人云亦云的人最终会被淹没，变得平淡无奇。独树一帜的人才如同黑暗中的萤火虫一样闪亮。想让自己变得更加吸引人，更有气场，就要先做回真正的自己，不去迎合别人，迎合多了还会让人以为是拍马屁，可以说是好心没好报了。

助人型的人想要提升自己的气场，就先根据现实情况亮出自我吧，把一个真正的自我亮给大家看。独立一点，自信一点，有独立思考能力，并且敢展现真我的人，大家会更加喜欢。在他人和自己之间找到一个平衡点，既参考他人的意见，又结合自己的想法，无疑会暗中提升了自己的气场，让大家赞叹自己考虑事情的周全。

太过于自我容易自负，不接受别人的建议。而太过于听从又容易自卑，没有了自己的看法。二者各有优势和劣势，所以要相互调和，相互学习。

【没有同伴，我就无法独立完成】

当尤美子进入美国一家著名公司时，这个来自日本的姑娘能力非常出色，同事都很欣赏这位具有古典美的东方姑娘。不过在一次事故后，尤美子眼中的自信消失了，其实那是一个并不算重大的问题。公司因为她损失了几十万，但这是一次全体事故，不过她的责任较大。

其实以整个事故来说，尤美子只应该承担一小部分的责任，这其中更大的责任在上层领导以及策划部。不过尤美子是新人，而且为了混个好人缘，她只好选择委屈自己承担下来。毕竟你得罪了上司，以后给你穿小鞋是必然的。

尤美子后来时常选择那些难度系数小、责任小的工作来做，很快她就从公司的精英骨干变回助理，最后变成了前台接待。

对此，经理查理难以相信："我原本以为她的抗压力比较强，真想不到尤美子会变成这样。"尤美子也十分难过，她变得唯唯诺诺，事事随大流。她生怕自己再犯错误，再成替罪羊，变成公司的千夫所指，她惧怕别人看她的那种眼神，像刀子一样扎在她身上。

她秉持着小心驶得万年船的态度，最终让她的业务能力变得稀松平常。在第二年公司裁减人员时，她带着自己的行李彻底离开了。

她十分委屈，觉得当初的问题不是她一个人的，而是整个团队的疏忽，自己仅仅是其中的一个环节，却成为了千古罪人。这次打击着实不小。

她想起了当初在大学时的自己是多么优秀，想起了自己不远万里来到美利坚，想起了远方的父母，想起了这一路走来的艰辛。她想：我得站起来，重新找回自己。

她开始重新踏上求职之路，虽然同样是菜鸟新职员，不过这一次她可比当初强势多了，在一些本质利益和责任上，她寸步不让，再不会委屈自己成全别人。在工作上她甚至比以前更努力，也更为出色，不再是一个谁见谁欺负的小绵羊，更像一个女斗士。

在不断挥洒汗水的同时，她用实力证明了自己，再次踏入社会精英行列。这一次她不会再委曲求全，也不会再被别人怂恿，即使是犯下错误，她也会勇敢地面对别人斥责的眼光，负起应有的责任，并不断进取实现自身的价值。

【气场修炼方略】

如果说金钱是气场修炼的砝码之一，那么恐惧则是破坏气场的原因之一。是的，惧怕会让你身上本来拥有的气息全部被吞噬，它就像恐怖的梦魇一样，将你的气场全部吞没。

助人型是内心需要别人认同和肯定的类型，一旦在生活中失去了别人的肯定，他们心中好不容易积累的气场便会一点点消失。

形象地说，助人型的人的气场是沙漏形状，这边在进，那边在出。举个简单的例子，今天上司表扬某个助人型的人了，你就会发现他今天十分有信心，看起来做事情都很有把握。如果你今天夸他的新衣服漂亮了，你会发现他的眼睛里就会迸射出自信的光芒。

反之，如果今天他被领导训了一顿，就会像霜打的茄子一样，十分低沉。如若长此以往，就会让助人型的人失去信心。如同沙漏里面的沙，你的自信漏光了却没有别人来为你填充。

这便是助人型的人存在的最大问题，不懂得如何转化。如果想让沙漏重新计时的话，只须要翻转沙漏就好。但很多人对自卑和自信却不懂如何转化，如同上文的尤美子。当尤美子内心积蓄的自卑达到真正的底线时，身体的潜意识就如同翻转沙漏的手，将自卑转化为自信。这是一种身体机能，就如同在危急时刻身体会爆发出超强的潜力一样，只在危急时刻管用。

可以通过培养气场在无形中加强自己的信心，将气场的游泳圈先套在自己身上，记住不要总是在翻船时才想起自救。

【迷津点拨】

迷失自我是助人型人格的人经常发生的事情，他们常常纠结在别人的想法里，而忽略了自己的想法。一千个读者的眼里有一千个哈姆雷特，所以助人型的人大可不必为他人的意见纠结。如果他人的意见多了，就难以作决断，那么最好的办法就是采用自己的意见。这里，助人型的人必须清楚，自己的意见不是自私，而是真我展现的一面。

北宋人高欢一次想测试一下三个儿子的智力，就给他们每人一把乱麻，让他们尽快整理好。大儿子一根一根慢慢地抽，结果把乱麻抽得更乱。小儿子将乱麻不停地分开，然后整理，还是弄得一塌糊涂。只有二儿子高扬拿出快刀一把，把乱麻砍断，然后将麻整理出来，于是他得到高欢的夸奖。

这就是"快刀斩乱麻"的故事，生活中，助人型人格的人也非常需要这种快刀斩乱麻的魄力和勇气，理不清的时候，就采取自己的意见，不为他人的意见所左右。把自我体现出来，说出自己的想法，让别人也知道你在想什么，从而也会考虑到你。

想要提升气场，自主和独立是必须在助人型人格的人身上体现出来的。要知道，会独立思考的人是很让人欣赏的。

三、乐于助人不是等价交换

【这些都是无意识的期许】

如果别人接受了你的帮助之后，没有和你说一声"谢谢"，你会不会感到一丝失落？大多数人都会有这种感觉，而助人型人格的人，会感觉比较强烈。他们很在意别人的眼光，希望得到别人的认可。别人没有说感谢，就是对他们的做法没有肯定，他们心里的失落要比他人更甚。

人不是神仙，都有七情六欲。超级有爱的助人型虽然处处为别人着想，但也是有欲望的，他们的欲望就是得到大家的赞赏，这就是他们做好事所要求的回报，甚至对赞赏的渴求有一些偏执，因为他们就是从别人的赞赏中寻找自己的位置和价值的。

其实，这些希望的回报对他们来说都是无意识的，就跟条件反射一样。助人型人格的人很容易满足，他们帮助完你了，你说声"谢谢"，或者买个小小的礼物送给他们，他们就会高兴好几天。因为这满足了他们潜意识的需要，也证明别人是在意并赞赏他们的。

当然，助人型人格的人中有一部分目的很明确，他们就是想通过帮助人来达到某种目的。他们属于没有察觉的助人型。这种人绝大多数会生活得十分烦恼，比如朋友生日，他送朋友一份礼物，而礼物刚刚送出他已经开始期待自己生日时，对方会还给他什么。假如对方赠与他的礼物不好或者价值不同，他的心中可能会犯小嘀咕，"这个礼物不合乎我的心意"，从而对朋友的态度由热转冷。其实这是不可取的，就像你在路上遇到一名乞丐，你对他救济时无论是100元还是1元，都是一种纯粹的付出，因为你不想从他身上得到任何实质性的回报。

有时候乐于助人就是一种很纯粹的帮助，没有很多峰回路转的剧情，简单并且没有所求。

【我的付出总是得不到回报】

达子在公司里与同事关系很好，只要同事过生日，无论男女，他都要送上一份豪爽的礼物，十分细心。不过最近他有点苦恼，同事仿佛一夜之间对他十分疏远。往日大家午休时会聚在一起下棋，而今天当他叫同事下棋时，大家却借口工作忙推辞了。他感觉到了同事的不对劲，不过并未在意。

工作依然要做，下午当达子将自己的策划案递交给同事时，同事在简单翻阅后将策划案又递了回来，让他自己修正一些错误。达子看了一下，简单来说就是几个小细节的问题，换作从前，同事一定直接帮着改正就提交上去了，但今天却公事公办。

达子有点不耐烦，就揶揄同事一句："老张，这小问题你还挑啊，咱们还是不是朋友了。"没想到对方却冷冰冰地回了一句："我们是同事，谈不上朋友。"这句话让达子的心凉了半截，一时间他愣在那里，哑口无言。

他僵硬地回到自己的办公桌前，反复地回想这句话，心中不断地疑惑着："我对他们都挺好的啊，平日里大家处得都不错，怎么会这样啊。""我做错什么了，平日里帮这帮那的，这群白眼狼。"达子越想越气，一下午都没吱声，满脑子都是同事淡漠的神情，以及那伤人的话。

达子的情绪一下跌入低谷，然而没有谁来劝慰他，这让他十分寒心。一时间倔脾气上来了，同事不理达子，达子也不理他们，大家都形同陌路，从而把融洽的朋友关系变成很单纯的同事关系。

这样的状况并没有给达子带来任何好处，反而使他与同事的关系越来越僵。平日每个周末同事之间会小聚一下，但现在这事明显跟他没有关系了。

上司对达子的态度也开始有所转变，没有了当初的热忱。大家似乎都针对他，跟别人有说有笑，跟他就冷言冷语。最终达子受不了这种态度，一气之下，辞了职。

不过他还是没想清楚原因是什么，直到后来才发现原因。原来达子前段时间过生日，收到很多同事的礼物，在狂欢一夜过后他带着宿醉拆开那些礼物，越看越失望，没一件自己中意的。心情极度抑郁的他在QQ上写了一句："这都是什么啊，当我是要饭的？"而这句话又发布在微博上，被几名同事看到并转发。

本来是一次口无遮拦，但这表明他心中所想，所以后来发生的事情也就不足为奇。

【气场修炼方略】

乐于助人，乐善好施，都是一种纯粹的付出，是不求回报的。而若有所图，就不是真正的助人，而是一种等价交换。你送他这个，他还你那个，这是一种交换。

助人型的思维误区正在于此，他们认为自己付出100，别人就该回报自己120，最少也要80。不过很多类型的回报只有60，自我型的回报甚至可能是0。因为有的类型就不是很关乎别人，但他也有对待朋友自己的方式，不过有些非主流罢了。

这并不是说，助人型愿意付出就是活该。助人型的人应该认识到：首先当你为他人付出时就别抱太大的期望，这样失望就会小一些。因为并不是每个人都讲究礼尚往来，有的人是随心所欲的。

达子就是犯了这个错误，他认为自己送给别人很多好礼物，而自己却收到了一些"廉价品"，所以内心极度不平衡。其实他将希望寄托在别人身上本身就是不妥的。希望别人送给自己想要的，那不如自己送给自己想要的，因为没人会花心思去考虑你喜欢什么，是你太在意了。

无论别人送什么样的礼物，都是正常的，只有爱人才会真正地花心思考虑你会喜欢什么。达子酒后吐怨言、生气等，显得他小肚鸡肠。一个男人嫌别人送的礼薄，可想而知这会造成他人多大的反感，排挤他便成了理所当然。

【迷津点拨】

俗话说："希望越大，失望越大。"对一件事情有所希冀，完不成，心里自然会失落，而且失落感是和希冀成正比的。所以，做事情，目的性不要太强。有时候，无所谓的态度才会让人变得更洒脱。助人型人格的人之所以纠结，就是因为有些事情做得不够洒脱，放不开。

为别人做事，最好不要抱着别人会赞美你的态度去做，这样就不会太纠结。虽然在这方面助人型人格的人是无意识的，但是并非不可以改变。洒脱一点，事情过了就过了，这样做反而能使别人的回报变成一种惊喜。何况，真正的付出是不期望回报的，你希望大家对你赞许，说明你可能还不是发自肺腑地想帮助别人，而是为了赢得美誉。

助人型人格的人想要增强气场，不求赞誉和回报是必须要做到的。洒脱的人对别人的吸引力是无可匹敌的，期望太多，反而会给人斤斤计较的感觉，无意间就减弱了你的气场。

四、你该为自己想想了

【思考是一座桥，每个人都要独自走过】

思考是一件严肃的事情，它犹如一座独木桥，需要我们每个人独自走过。有时候，很多事情别人说得再多，结果往往是无济于事，只有当自己想清楚、决定改变时，这才是最重要并且有意义的。

助人型的你可能一直处于这样一种状态，为别人想得多，为自己想得少；为别人做得多，为自己做得少。

常常你会陷入这样一种情况，看着他人在人生的路上简装出发，他们或者成功或者失败，不过无论怎样，至少别人有勇气走向人生的独木桥；而回头看看自己，就像一个在人生十字路口迷茫的孩子，依然停留在原地，等待下一批起程的伙伴从自己的生活中离开。

助人型是一个可以看透别人却永远认不清自己的类型。如果你是助人型的人的朋友，你问他"我这个人怎么样"，他会分析得十分透彻，但如果你让他评价一下自己，他却什么也说不出来。

助人型的人喜欢帮助他人成功，他们大多对自己信心不足，总是去发掘或者鼓励身边人，在生活中担当着"星探""球探"的角色。他们有能力做很多事情，但做自己的事情时却优柔寡断，不知如何取舍。

这样的生活状态会让他们处于一个义务奉献的时代，这个朋友开家店他们热心地去帮忙照顾，那个朋友开家公司他们去帮一把。他们帮了很多人，做了很多事，唯独没有考虑自己。

这不是钱的问题，而是时间的问题。

当朋友的店越做越大，朋友的公司越来越好时，他们又得到了什么？

所以，助人型的人是时候该想想自己的出路在哪儿了！

也许他们会认为助他人成功了，自己也就离成功不远了，其实事实远非如此。俗话说：物以类聚，人以群分。当生活环境、质量差距越来越大时，人的思想和看法也在改变。当然，也许这份情谊没有改变，不过生活态度却变了。

这样的结果就是他们与别人的相处越来越累，很容易处在一个不平等或者以对方为主导的位置，这时候两人的关系不仅仅是朋友，更像是主辅关系。

所以助人型的人该找到自己的出路，要鼓起勇气走过人生的独木桥。人与人之间相处是需要价值存在的，让对方看到你的闪光点，别让他人对你有所期待而后又恨铁不成钢。

【别等待，突破瓶颈，就是现在】

孟楠是个热心的青年，他为人热情，朋友、同事谁有困难，都喜欢找他帮忙。其实孟楠想赚很多钱，这样他就能做更多有意义的事情。

孟楠从小就对自行车非常热爱，大学期间学习了机械专业，毕业后进入SHIMANO公司。从大学毕业到如今，青春一转眼跑了一大半，孟楠眼看着奔三了，还处于温饱线上。这跟当初的他、当初的梦想、当初的豪情万丈相差甚远。与孟楠一同毕业的大学同学有的现在已经自己开公司了，有的混迹职场爬到了中层，甚至曾经的学弟学妹也比孟楠要混得好。孟楠常常是听闻他人的光鲜事迹，这个升总监了，那个当设计师了，另一个买房子了，而自己则毫无进展，从来没有什么让人刮目相看的事情。

思考总是一件沉重的事情，但它就像青春期一样，每个人都必须经历，只不过有的人早熟，有的人懂得太晚。

孟楠很清楚，他想当一个有钱人，这是他从小到大的梦想。但如何去实现呢？这是他一直没想通的问题。他也尝试做过点儿副业，不过赔多赚少。因为他不够专业，对行业了解不足，而且没有人脉和资源。

终于，孟楠在28岁时茅塞顿开，一道灵光闪过："为什么我不自己开一家自行车店呢？这是我热爱的行业，这是可以让我全身心投入的事业，凭借多年的经验我完全有能力胜任一家车店的老板。"灵感一旦迸发便一发不可收拾，2008年他辞职返回家乡，开了当地目前最专业的自行车店。

经过两年的磨合，自行车店在孟楠30岁时终于开始稳定赢利。孟楠贷款买了房子，又买了辆车。虽然不是什么大老板，只是一个小店主，不过这对于他自己来说，已经是一个巨大的转变。

【气场修炼方略】

在气场学中，有一个关于梦想成真的小故事。

一位小伙子，少年时他很向往国王的权力，他非常崇拜国王，也很想日后成为国王那样的人。他最大的兴趣一个是练武，一个是关注着皇宫里有什么消息，自己的偶像最近又在想什么。

就这样他长大了，像一名随时等待召唤的士兵，摩拳擦掌等待机会。在他20岁的时候，这个小国家遭到了强国部队的打击，损失惨重。他应征入伍，在出发之际见到了自己的偶像。他忽然发现国王老了，虽然他依然庄严，但再无往日的豪气。

部队到了前线，他们经历了第一次战争，战败，并且指挥官被杀。这群从未打过仗的初生牛犊显然被吓坏了，虽然部队一再整顿但逃兵的数量还在剧增，现任指挥官明显控制不了这种局面。

这时候部队再次遭遇伏击，并且被包围。大家颤颤巍巍地跪在地上准备投降，眼看部队危在旦夕，这个年轻人站了出来。他站在众人的身前，拔出早已磨得锋利的宝剑挥向敌军，用言语鼓励着部队。

很多年轻人被他的勇气所鼓舞，纷纷站起来，举起盾牌，拔出宝剑。

这一次战斗虽然伤亡不小，不过主力部队最终还是突围了，他成为了士兵信服的指挥官。在不断吸取教训后，他终于在五次失败后，打了一次胜仗。这让己方士气大振，一路乘胜追击竟然将敌军打得落花流水，并下书言和。

他因此一夜成名，受到国王的嘉奖，并保护这个国家多年不受侵犯。最终老皇帝在辞世时，将代表着国王的皇冠戴在了他的头上。国王知道，能给予这个国家和平的人，只有他。

即使是现实中，我们身边也并不乏梦想成真的故事。皮克·菲尔博士对此给予的解释是："对未来有梦想、有目标的人身上散发的是正气场，从而让他积极乐观、不畏惧艰险和困难。"

是的，仔细想想那名年轻人的故事。他也是一个很普通的孩子，与别人毫无差别，唯一不同的不是他练武，而是他有一个了不起的梦想。

人，因梦想而伟大。而有梦想的孩子，你可以看到他身上的乐观和坚毅，因为他每天都在严格要求自己，日后要像国王一样，那么他必须要锻炼好自己的身体，才可以保护他的人民。

如果说梦想是一艘船，那么气场便是这船上的帆。它让我们散发出力量，让别人靠近我们、接受我们。人总是会在危急情况下散发出强大的气场，这往往是来自上帝的考验。而这时候气场未乱，还能镇定自若的人，就会深刻地影响到别人、征服别人。

助人型的人往往在生活中扮演着追梦人的角色，不过不是自己的梦想，更多的是别人的梦想以及目标。他们会认为自己的梦想不切实际、无法达到，那么别人的梦想就真的那么靠谱吗？答案很显然，不是的。

助人型的人需要找到生命中值得自己全情投入的游戏，而不是陪太子练兵，否则只会导致自己一事无成。所以，助人型的人该关上房门、面壁思过，不需要三日不吃不喝，但应该彻底地想清楚自己了！

【迷津点拨】

　　助人型的人在别人的需要和感受上耗费了太多的注意力和精力，而忘记照顾自己的需求。放下这些关注，把注意力转移到自己身上，每天主动询问自己的要求和需求是什么，应当有意识地将自己的要求和需要放在第一位。

五、一味的付出让别人习以为常

【当你的付出已经变成一种习惯】

有一个小故事，非常能体现出助人型的人在处世中的尴尬窘状。

故事讲的是 A 为了体现和 B 的友谊，每次都主动将自己的鸡蛋送给 B，长此以往 B 习以为常。直到有一天 A 认识了 C，A 将自己的鸡蛋送给了 C，这让 B 大为恼火，而 A 竟然不明所以。

A 与现实中的助人型的人十分相似，当对方习惯了你对他的好，假如某一天你有一点不好，对方便会挑剔你，觉得你对他差了，从而与你疏远。

以前公司里有位女同事，因为她是新人加上为人十分热情，在熟悉后发现公司的几位男同事不吃早餐，便主动负责带几位男同事的早餐。开始时男同事十分感谢，女同事也觉得很暖心。不过因为长期带早餐，男同事不好意思，就每个月给她结一次钱，后来大家习以为常。

有一次，她带的馄饨里有香菜，而其中一位男同事是不吃香菜的，对方也已经向她强调好几次了。那顿早餐大家吃得特别不愉快，一整天那位男同事都没给她好脸色。

女同事很委屈，明明是自己好心却办了坏事。那次以后，她将男同事的早餐费全部返还，这件事情才算落下帷幕。

助人型的人就是这样，往往初衷是好的，但最后的结果却是坏的，并且自己也十分委屈。这也是为什么很多助人型的人时常会抱怨："我为某某做了那么多，他竟然一点都不领情。""那某某某欠我好多钱，就跑了。"

就如同借钱一样，你将钱借给一个无力偿还的人，这不是帮对方，反而是害了对方。因为当对方没有钱还给你时，通常只有两种结果：第一，你加重了他的生活负担；第二，他选择欠钱不还。

这种愚忠的助人方式从某个角度可以理解为好心办坏事，最终的结果往往是结束这段友谊。

【我总是爱别人而不关心自己】

小王是东北人，女友是北京人，为了女朋友，他来到北京。两年前女友出国深造，小王留在北京做起了餐饮行业，开的快餐店已经大有起色，不再像当初那么穷。

女友很喜欢玩网络游戏，在国外节假日时就窝在家里玩游戏。两地相隔自然会有很多相思，为了让女友打发寂寞，小王主动为女朋友充游戏币。

起初是几百几百地充，不过网络游戏投人民币就像一个无底洞，装备永远都在更新、升级。开始时的几百元钱已经无法满足女朋友的需求，小王去网吧充游戏币的次数越来越频繁，并且金额越来越大。

有一次他直接充了5000元，没过多久就又没了。在资金没有追回来前，小王已经将其中的部分钱预算为女朋友的游戏币，不凑巧的是对方拖延，一时间小王手里的钱不够周转，没有多余的钱给女友充游戏币。这让女朋友很失望。

眼看着小王的店租期将至，而房东又增加了租金，小王在短期内无法正常运营。他想到了借钱，不过这时候朋友却不愿意借给他。当初的小老板却要借钱度日，自然引人诟病。

在月初将这月的全部预算刨除后，小王发现自己本月的生活费不到2000元，而自己一个月的赢利却是过万。有天下雨回家后，他发现自己的鞋开胶了，才注意到自己已经很久没购物了。

他很迷惑为什么自己会活得这么疲惫，在沉思许久后他决定不再为女朋友充游戏币，给家里的补贴也规定在一个正常数字。因为，他忽然想起了一句富含人生哲理的话："爱别人之前，要先爱自己。"

【气场修炼方略】

前面故事里的B就是被助人型人格的人，他们已经形成一种习惯，如果有一天，A不提供帮助了或者去帮助别人了，就会招致他们的怨恨。

同样的道理，你可以帮助他人一次，但如果同样帮助一个人三次以上，对方就会对你产生一种依赖心理，习惯于你的帮助。这不会让他人对你感恩言谢，而是变成一种理所应当。

无论是朋友还是同事，除了家人外，你没有任何义务和责任必须去不间断地付出。但助人型的人往往将感情看得过重，十分愿意为别人的困难献身。

比尔·盖茨是一位乐善好施的人，同时也是一位气场十分强大的男人，不过他的帮助和付出都是针对一些真正需要帮助的人。就如同一位四肢健全的年轻人在地上行乞，你动了恻隐之心可怜他，只会让他跪在地上更长的时间。同样，如果他这样行乞一个礼拜，都没有要到一毛钱的话，那么他一定会考虑别的方法填饱自己的肚子，至少他会站起来，而不是跪着。

有一次，比尔·盖茨的一名年轻手下要求他加薪，理由是父亲被车撞了，需要一笔费用。比尔·盖茨在听过之后断然拒绝了，这让年轻人十分愤怒，甚至准备辞职，因为他从没见过这么冷血无情的老板。没想到比尔·盖茨听闻后，冷冷地说："如果你现在辞职，只会让你的家庭更加雪上加霜。"

那个年轻人在探望父亲时，向父亲大声抱怨自己的冷血老板，没想到父亲却严厉地批评了他："我的儿子，这是我们家的事情，与你的老板是没有关系的，他没有这个责任，不是吗？"年轻人翻然醒悟后，向自己的老板道歉。比尔·盖茨对他说："你的薪水对得起你如今的工作量，如果想加薪，你应该努力工作而不是以此为理由，小伙子。"

后来，年轻人非常努力地工作，最终如愿以偿地获得一份丰厚的薪水。而比尔·盖茨以个人名义，探望了年轻人的父亲，并且全额资助其手术费用，一时间被传为佳话。

【迷津点拨】

很多助人型的人会遇到一个问题，朋友管其借钱，不借伤感情，但其实对方根本没有能力偿还。这让他们陷入两难境地，最终还是不情愿地打开荷包，让钱打了水漂。

其实这样的事情，断然拒绝是最为理智的，因为对方倘若没有偿还能力，那借他钱就是让他欠下更多的债。

比如说你借了，而后他还不起，你自然会不时地催他，而这会引起彼此的不满。他会认为你催得太紧，从而觉得你太过小气。你借了他钱，却总是要不回，对他的人品产生质疑。这样最终导致的结果是，他还你钱了，但你俩的感情疏远了；你不要钱了，以后却形同陌路。

这样的结果还不如当初断然拒绝。也许当时对方会很生气，但只要道理讲清楚，最起码还可以保持朋友关系。即使以后不再来往，也没有什么非议。而且你没损失钱，他没多负债。

气场强大的人懂得被动和拒绝，会给人独立的感觉，别人会觉得这些事情是求你或者是请你做的，"求"和"请"包含了太多的区别。别人会对你崇拜，说明你有值得他们崇拜的地方，也是吸引人的气场。

有句白话叫："朋友之间别提钱。"因为提钱太伤感情。所以一个真正气场强大的人，会懂得取舍和分辨，要适时地敢于对别人说"no"，而不是当别人有求于自己时，都乐呵呵地说："有事您说话！"

六、相信别人，相信自己

【为何他们总是拒绝我】

"你伤害了我，还一笑而过。"这句歌词可以唱到助人型的人的心里，称其为助人型的人的大爱也不为过。

是的，助人型的人总是备受别人的伤害，而这种伤害在别人的眼里却是微不足道的。当他们热心肠地走到同事面前，说"看你这么累，帮你分担一点工作"时，同事虽然面带笑容地十分感谢，但还是委婉地拒绝了。

他们不明白，又去帮助其他同事，同样被拒绝。他们看到清洁工阿姨在很劳累地工作，热心地过去帮忙，阿姨夸他们真是好人，但手还是死死地攥着拖把不放。

可能他们有点搞不懂，或者心里泛起苦涩，大声抱怨这世界："为什么世界这么冷漠？难道就不能多一点爱心吗？"其实不是不可以，让我们假设一下同样的桥段，对方接受帮助了会怎么样。

假设你是一名女性，他接受了你的援助。所谓男女搭配，干活不累，两人愉快地结束了他的工作。他十分感谢你，并请你吃饭，你们发现两人有很多共同的话题，像多年未见的老友一般。你们两人的感情逐渐升温，但同事对你们的非议也在逐渐加热。最终他的选择大体有两种，或者与你划清界限，或者辞职。可能你此刻一头雾水，郁闷道："请问我做错了什么？"

首先，对方是一名男性，男性通常有很强的自尊心，他接受你的帮助后，最直接的表明就是能力不够，一个男人需要女同事的帮助，这就是能力不足最直接的表现。这种逻辑思维存在于大众的脑袋里，绝非一种偏见。

其次，他接受了你的帮助，他的男同事会怎么看待他，他的女同事会怎么戏谑他，他的上司会怎么评价他。犹如赵本山的小品一样，"'鸡怎么看我，鸭怎么看我，大鹅怎么看我'，你说你让它以后在'动物界'怎么混！"堂堂七尺男儿，以前走路是气宇轩昂，现在走路是垂头丧气。

这些都是你未曾想过的，你总是认为同事之间应该互帮互助，但其实这是一种理想化的想法。打个简单的比方，老板安排了两项任务，你的做完了，他只做了一半。这时候你为了团队利益或者人情世故帮他去做，这在无形中减轻了他的压力，却让他在潜意识里拥有了依赖心理。

【在危难的时候，选择相信别人的能力】

日本四大经营之圣唯一在世的稻盛和夫，是一个典型的助人型人格的人，他乐善好施，不过他也会遭遇尴尬，但他超脱的心态以及强大的气场会坦然地接受别人的拒绝。

稻盛和夫在美国开第一间工厂时，效益并不好，他外派的几名得意弟子一直未能将工厂扭亏为盈。这样的自负盈亏下，作为社长的稻盛和夫自然很想帮爱徒们一把，毕竟一群亚洲人远渡重洋在美国开创市场十分艰难。

但这时候负责人却选择了对社长说"不"，负责人说："社长您已经将责任交给我们，我们有责任有义务去将厂子办好，如果我们做不到那说明我们的能力不行，而不是您的问题。"稻盛和夫开始时有些愤怒，觉得自己的好心被别人当成了驴肝肺，不过在冷静后仔细一想却大为感动。于是他耐心地给予美国工厂更多的时间，而不是像一般老板那样恼羞成怒。

终于在两年后，工厂开始实现赢利，而且市场潜力巨大，可谓前景无限。他的弟子们凭借着自身努力和破釜沉舟的坚韧，最终在美国市场抢占了一席之地，也因为这种不畏艰难的企业精神才有了今天享誉世界的京瓷。

想想看，稻盛和夫本身是一个标准的助人型人格的人，当员工在美国处于危难之际，他想施以援手帮其渡过难关，但未料自己的下属却倔犟地选择拒绝。如果换成别人一定会大发雷霆，将美国工厂的负责人裁掉，或者强行援助。

无论是前者的方式还是后者的方式都不妥当，前者会失去人心，后者会使对方产生逆反心理。假如高层之间都貌合神离，彼此不能团结一心的话，那么下属也势必会消极怠工，尤其是在崇尚个人主义的美国。

正因为稻盛和夫敢于信任下属，有这种海纳百川、有容乃大的超级气场，他才敢给予下属足够的时间，让他们有机会去力挽狂澜，逆转乾坤。

【气场修炼方略】

David是一名公司中层，有一个十分幸福的三口之家，不过他最近却开始产生一种力不从心的疲惫感，感觉自己像轴承一样。他白天在公司教自己的手下，晚上回家还要辅导自己儿子学业上的问题。

他事必躬亲，总是在告诉下属如何可以更加高效快捷地工作，总是在课业上辅导儿子这样算题才是对的，你的方式是笨拙的。没想到儿子的学习成绩没有提升，反而下降，而且对学习产生了厌烦感。

有一次，David因为事情请假没有上班。第二天来到公司后，老板却劈头盖脸地训斥了他一顿，原因是昨天他一天没来，他的下属便消极怠工一天，什么都没有做。老板十分气愤，问他的下属为什么这样无所事事，下属却理直气壮地说："还是等经理来吧，他会给我们更好的方向和意见，要不做了也是白做。"

这让David十分苦恼，他找到菲尔博士，大吐苦水。菲尔博士笑着打断他的抱怨："亲爱的，为什么你不试着放手让他们去做呢？""噢，我的天，博士，你不知道他们是多么的愚笨，总是用很复杂的方式去解决问题。""嗯，是的，但当初你年轻时你的上司是怎么做的呢？""他？他什么都不管，凡事都让我们自己去解决，如果不是靠着我的聪明才智，哪有今天。"

"但他给予你思考的时间，难道当初他没有更好的方式吗？"这句话让

David想起了自己的老上司，他总是笑眯眯地对待自己，给大家一种父亲的感觉，很慈祥。

忽然，他明白了放手的哲学。从那天起，他回到家以后再也不带着儿子写作业，而是让他自己去写，适时给孩子一些奖励。而反观公司里，他开始对自己的下属放手，更多的是一种指点，根据年轻人的方式，总结一些利弊，不再全盘否定。

他发现，虽然下属做事的方式依然显得愚笨，不过随着经验的积累在慢慢地化繁为简，有些时候还会给自己带来一些惊喜，他已经不再是那个事必躬亲的David了。

助人型人格的人有一副菩萨心肠，总是怕别人这个做不好，那个做不好。其实大可不必，每个人都有自己的优势和劣势，如果过于保护他人，则将残忍地抹杀他人成长的机会。

并且，我们要懂得一个道理，你的方式并不一定全是对的，而别人的方式也并不一定全是错的。

助人型人格的人需要相信别人，同时这也是相信他们自己。当对方遇到难题时，可以选择出马帮忙，但如果仅仅是一个很小的难题，要给对方机会让其亲自克服，别让他人过于依赖你。

人与人之间始终要懂得保持距离，这样对方才不会对你产生反感，从而更多地尊重你。例如前文的David，他本可以做一名让儿子敬重的父亲，因为他博学多才，不过却因过于插手、过分关心和在乎孩子的成绩，从而使孩子产生一种逆反心理。

多给自己和对方一点空间，不要让别人的世界里全部都是你的影子。

【迷津点拨】

在遭遇危机时，你可以理解为这是一种困难，但也可以理解为是一种磨炼和挑战。有时候不经历困难也就不会成长。小草被压在石头下，但最终却可以挤出石缝。野花在风雨中接受摧残，但依然傲然绽放。那么，你为什么不愿给别人一次成长的机会呢？

21天可以养成一个习惯，而习惯是很难改掉的。有些时候，别人犯了错，应该让他自己承担，尤其是在工作方面。"为什么别人做到了，而你做不到？"这是一种自我反省，知耻才会后勇。而当他习惯了"反正我做不完，别人会帮我做"，那么他的潜意识里就已经存在着消极怠工的心理，这只能让他在日后越发沉溺。

所以，在职场中有很多人选择拒绝别人的援手，因为自己的工作没做完这本身要从自身上找原因。是"我不够努力，不够用心"，而不是"这工作太难，我需要别人的帮助"。这是两种截然不同的心态，前者是成熟的拥有职业素养的态度。

倘若助人型人格的人不懂得相信别人，那么他身上散发的气场则是压制力，总是会用主观的意识去帮助他人，告诉他们更加好的方式。这种方式带来的后果是，要么别人排斥你，要么别人屈服于你。前者会慢慢讨厌你，而后者的气场本就渺小，在你的强势压制下必然会所剩无几。无论是对于你还是对于他人，这其实都是不利的。因为别人会越来越讨厌你，虽然你贵为上司、贵为父亲。而反观你的孩子、你的下属却没有得到良好的发展。

亲和力会使你的气场更加强大，让大家都喜欢你，在家庭里你是位仁慈的父亲，在事业上你是一位睿智的领导，下属尊敬你、爱戴你。

每个人在这个世界上都存在自己的价值，不论他是亿万富翁还是扫大街的清洁工，不能因为看着辛苦，就去帮他们分担、解忧。因为每个人都需要用工作和事业体现自己的人生价值。

第三章　实干型气场真经

实干型人格的人是九型中的创业者，讲究务实，具有强烈的好胜心，喜欢以成就来衡量别人的价值。他们是生活中执著的工作狂，在情感上不善于表达，渴望得到别人的认同，是野心家。

实干型人格的人渴望成功，且常常过分高估自己的成功指数，所以会过分夸大其词，给人一种夸夸其谈的虚荣感，是典型的空谈家。他们还迫切希望别人能跟自己一样，尽管他们讲的一些话、做的一些事在很多时候不受常人认同。

不过他们却会用心去证明自己的看法，往往是因为自己喜欢才去做，也会被别人刺激后为了证明自己才去做。

他们喜欢标榜自己和以自我为中心，往往在有一些成绩后过于自我膨胀，给人自大感。因为好胜心强，做事看重目的，往往忽略沿途的风景。

他们总是将最好的一面展现给他人，渴望得到别人的赞美和认同，最终成为焦点。总体来说是外强中干的"刺猬"。

实干型人格的气场是相对比较强大的，但有很大一部分是负气场，不会产生吸引力，而是产生排斥力。实干型人格气场修炼的关键，就是加强亲和力和吸引力。对于实干型的人来说，要想有效地增强自己的亲和力和吸引力，就不得不在做的时候停下来想一想，让自己的人生从"做"的外向型转向"想"的内向型；就不得不承认自己并不是在所有方面都能比别人强，把自己的精力放在自己真正强大的方面；也不得不想办法让自己的生活多一些情趣，让自己在能干的同时再变得可爱一点。所有的这些道道儿，在接下来的技巧当中你都可以看到。

一、不要在所有方面都争强好胜。术业有专攻，在每个方面都想超过别人会过度消耗精力，不如只做好一件事。

二、学会停止。给自己的情感和真实思想留下时间，直面内心的不安和恐慌，多关注发自内心的声音。

三、相信别人可以做得和自己一样好。不要把自己看做离不开的关键人物，把周围的人都看做没有能力的懒汉。没有你，其他人也可以做得很好，甚至更好，所以要学会放手。

四、学会通过身体的感受来发现自己的感觉。比如，在你无法确定自己的情绪时，首先说出自己身体的感觉，"我的脸发烫"或者"我的肚子很紧"。这些身体上的感觉能够帮助你找到自己的真实感受。

五、体会动手做和用心感受的区别。在工作的时候，记得要把注意力从工作中转移到自己对工作的感受上。

六、不要担心个人情感会影响良好的工作状态，学会让自己被感动、被影响、被作用，鼓励自己接受情感上的影响。

做得少一点，想得多一点；紧张少一点，放松多一点；严肃少一点，可爱多一点；强硬少一点，关心多一点；盲目少一点，专注多一点。诚能如此，不觉间作为实干型的人，身边的朋友会越来越多，生活会越来越轻松惬意。当处处可见的关爱和友情让实干型的人觉得不可思议时，用不着太奇怪，因为他们已经拥有了足够强的亲和力和吸引力，已经拥有了足够完美的气场。

一、最牛的炫耀是低调

【收起你"暴发户"的本质，内敛一点】

如果要在九型人格中评选最具有"暴发户"特质的，那一定是实干型。实干型人格的人具有非凡的冒险精神，但有些时候在不断地夸大后，会形成一种赌徒心理：有10万元我敢开公司，有20万元我敢开银行。

先别急着否认，因为"暴发户"并非是一个贬义词。让我们把视线转回到20年前，当时正值改革开放，从"大锅饭"到"小集体"的改革阶段，很多不喜欢在工厂、单位的年轻人辞掉工作选择下海。这群60后、70后从小商小贩开始，卖袜子、奶粉、蜜桃精、香烟、围巾之类，犹如天空的繁星，五花八门，不胜枚举。

陈扬退伍后，被分配到一家制造厂坐办公室。当时那份差事是很多人羡慕不已的，但每天喝着茶水看报纸的生活让他觉得人生不该如此无聊。陈扬带着一腔热血下海了，从小商店开始，再到后来的饭店，养过大卡车，卖过服装，也开过针织厂当过厂长，养过旅游车，还开过旅行社。总之他的生活就像朋克族的名言："活着就是折腾，死了才是解脱。"

在当时一般人的工资300多元的时候，他请朋友出去吃饭，一晚上可以消费上千元，只是为了兄弟情谊，只是为了高兴。在万元户出名的年代，陈家是10万元户，是整条巷子里最有钱的那一家。

不过在逐渐的成功过后，陈扬也迷失在金钱中，他变得不可一世，固执己见，不肯听任何人的意见。家庭也出现不和睦，因为生意的事情夫妻两人没少吵架，有时候甚至会动手。犹如美国的世贸中心一样，陈扬一手建造的商业链条一夜之间便被粉碎。建在水库旁的工厂被水淹了，工厂黄了，他的旅行社也黄了，他的事业没了，他曾经的狐朋狗友也没了，两口子也离婚了。

有句处世哲学的经典名言："欲让其灭亡，必让其疯狂。"无论是大到国与国之间的战争，还是小到个人的总结，这句话都十分有用。那时候的陈扬是疯狂的，这是他很多年后亲口承认的，他说："因为那时候的钱太好赚了。"

【请尊重别人的做事风格以及生活习惯】

刘贺小时候家贫，很小就承担起家庭的责任。这让他从小就立誓，长大以后要成为有钱人。长大之后刘贺出摊位卖过铁板鱿鱼，开过久久鸭的小店，他满脑子都是赚钱的想法。他夏天开大排档，冬天申请爆竹许可证卖鞭炮。在炎夏他顶着酷暑去市场进货，在寒冬他顶着风雪在摊位卖鞭炮。付出总是有回报的，在20多岁的时候，刘贺手里有了一定的积蓄。

经过别人介绍，他与朋友合开了一家礼品店，对方提供货源，他负责销路。由于现代社会送礼的多，朋友又逢年过节捧场，所以生意还挺红火的。

后来刘贺与生意伙伴合开了一家公司，几年内变化非常大。当初的老房子换成了大房子，以前的小摩托车也变成了国产宝马。

因为还是住在以前的小区，所以平日里他还是能看到很多小学同学以及童年的玩伴。小时候那些家里比他家庭条件好的，如今不是大学刚毕业，就是刚刚开始工作，薪水3000元已算不错，可刘贺的月收入已将近30000元。

这种收入差距让刘贺觉得有了揶揄别人的资本，他时常在饭桌上教育朋友。"当初我家够穷的吧，但你看看现在，怎么样？你的工作根本不赚钱，待着也只是浪费时间。""你说你学那艺术专业有什么用？能为你带来钱吗？最多也就赚个零花钱吧。""哎哟，一个月才1500元？那能顶什么啊，够你买身衣服吗？""三险一金是个屁，你现在能花到一分吗？""哥们，不是我说你，这份工作没前途，趁早辞了吧。"

虽然每次付账都是大老板刘贺掏钱，不过他发现大家与他的走动越来越少。有时候他想叫朋友出来吃顿饭，拨了五六个号码之后竟然没一个答应的，借口都是没有时间，不是工作忙就是有事。

最终刘贺邀请到一位许久不联络的朋友出来吃饭，席上两人聊到此事，朋友笑笑说："刘哥，现在大家可都怕你啊，你一喝酒保证得教育我们。""刘老板现在财大气粗了，自然会瞧不起小哥们的工作，不过人家还是要生活的。""你说，名义上是出来吃饭，但实际上你说完之后大家饭是吃不下去了，回家还得憋一肚子的气。"

其实刘贺心里明白，这是因为他小时候十分嫉妒朋友们去考高中、上大学，背着书包无忧无虑地去上学，而自己却要为家里的生计发愁。这些年，他一直咬着牙在与朋友们比拼，那边朋友考上好大学，这边自己就要赚更多的钱。如今，他确实赚到钱了，不过朋友却没了。他仔细回忆了一下自己的过往，觉得自己如今该好好考虑一下未来的路该如何去走，而不是再去与谁竞争、试图超过谁。其实，他只须要超过他自己。

【气场修炼方略】

菲尔博士讲到了一位夸夸其谈的胖子。

APO公司的老板迈登·雷尔，我最后一次见到他是在金融家峰会的晚宴上。他口水飞溅，红光满面，向聚在他身边的投资家们畅谈雄伟计划："收购IBM？这不是问题，等我先拿下几家电气公司的股权。融到200亿美元并不困难，要知道，房利美和房地美的股价一直稳定攀升。"

5个月以后，年仅42岁的迈登·雷尔在他的公寓开枪结束了自己的生命。他破产了，几十亿美元的身家一夜间化为乌有。不仅如此，他还欠了银行100亿美元，账户被冻结，几十栋私人房产都面临法院的拍卖。如果不能接受流落街头的命运，他就只能去向上帝诉苦。

迈登·雷尔的人格魅力无懈可击，并且拥有一个让人惊叹的目标。他的气场是强悍、冒险和乐观的。然而至少，关键时刻，他在目标和手段的连接部位出现了错位，始终没能拿出一个完美的行动计划。在最近几年，寄希望于股市的坚挺来筹募资金的他，遭到美国"两房"危机的致命一击。

而且在人际场上，他也是一个不折不扣的失败者。迈登·雷尔渴望结交对自己更有益处的朋友，却因流于空谈而逐渐荒废了自己的人脉。有理想的人太多了，但到处都是华而不实的人，不是吗？这是许多融资机构的高管对迈登·雷尔的评价："那个爱冒险的胖子？如果没有拿出一个完美的方案，我可不想与他绑在一条绳子上心惊胆战！"

"最牛的炫耀是低调"。实干型的人，有时候行事太过张扬，气场太过强悍，而忽略了细节，从而导致别人的不信任和最终的溃败。所以，实干型的人要学会低调，学会全面客观地思考问题。

【迷津点拨】

迈登·雷尔曾经身家亿万，是时代的宠儿，是华尔街呼风唤雨的人物，他走到哪里都是VIP的待遇，但最终的结局却让我们反思。

在现代社会，当各个行业逐渐模式化后，实干型的你再想空手套白狼，其实是十分艰难的，而且十分容易造成贪心不足蛇吞象。

所以，这是实干型人格的人最大的缺陷之一。

在逆境中，实干型人格的人也许还会苦其心志，劳其筋骨，卧薪尝胆地去努力奋斗。但一旦他们走进顺风局势，有一点起色后，便恨不得让全世界都知道，恨不得一口吃成胖子，恨不得乘着狂风飞到天上。

而这也是大众对暴发户印象恶劣的缘由，他们太爱炫耀。其实，最牛的炫耀是"低调做人，高调做事"，而不是"高调做人，低调做事"。

二、扔下你那讨人厌的官腔

【你总喜欢把简单的事情变得复杂】

明明是一件很简单的事情，但你往往总是把它搞得特别复杂。可能这是一种习惯，或者说你喜欢这种让别人觉得高深的感觉。"噢，你的见解很独到。""为什么你总是给我惊喜？""亲爱的，你说的话让我有点搞不懂。"可能你会因这些话而沾沾自喜，但其实这样并不好，会让人觉得很絮叨，虽然它听起来很高深。

举个最简单的例子：朋友聚会，大家在聊一个女明星的八卦话题，比如艳遇、情史之类，而你却故意卖弄学识，讲起她出席某项颁奖仪式时所用的那款名牌包的品牌发展史。大家围绕着你，你就像去山村里支教一样，是孩子们唯一的灯塔。也许你很享受这种满足感，在大家的众星捧月下，你觉得自己就是人群中的明星。但可能你忘记了，其实大家谈论的话题只是这个人的八卦，而不是厚重的历史，也就是说，其实你已经将话题带偏了。

看，你将简单的事情变得复杂了吧。虽然这并不是你的本意，虽然过程十分精彩，但结局却是你跑偏的人生。

【别人说我是一个复杂的人、虚伪的人】

我有一个朋友，有一次他的女朋友说想吃雪糕，我们就边找边聊。当时我们正在旅行，也可能是闲来无事，大家在一起分享着什么雪糕好吃，有人说喜欢吃酸奶的，有人说喜欢吃绿豆的，有人说喜欢吃巧克力的。

　　我的这位朋友却来了兴致，得意扬扬地谈起了Dove的发家史，因为Dove的创始人最初是一位做巧克力冰淇淋的年轻人，他当时爱上了公主，但苦于尊卑之分。公主迫于当时的政治婚姻，在临行前吃了他的一碗冰淇淋便起程了。年轻人在巧克力上写着"Dove"。他相信，公主如果吃到时一定会读懂。但其实公主没有发现，因为当时是热巧克力，也就是说会融化的。最终公主嫁人了，他带着一颗伤透的心去了美国，并在那里娶妻生子。

　　过了很多年，忽然远方来信说昔日的公主想见他最后一面，因为当时的公主快不行了。他赶忙起程，回到了当初的伤心地。他见到了公主，而后才明白真相。其实公主非常爱他，爱到无法自拔，她拒绝了父王珠宝的歉意，只要求再吃一次巧克力冰淇淋，但当时她并没有吃到字母，否则一定会选择跟他私奔的。

　　男人看着脸色苍白的公主缓缓闭上双眼，微笑着离开了。他再次回到了美国，反复咀嚼着昔日的恋情，试图弥补这个人生中最重要的遗憾。他要做一款不会融化的巧克力，固化的巧克力。他最终完成了梦想，在上百万、千万的巧克力上烙下深深的印记，不会再融化。而这便是今天我们吃的德芙，它的英文Dove，真实的含义是：Do You Love Me？

　　坦白地说，这是一个感人的故事，让我们十分感动。但他因为过于喜欢占据主动而抢跑话题的做法，以及讲述过程中自命不凡的劲儿，着实让我们反感。

　　上文中"他"的行为是一个十分不好描述的行为，人们称呼它为"抢拍"。人们时常探讨一个话题，会出现一种节奏，由话题发起人开始，大家开始探讨话题，发起人掌控节奏。这是正常的模式，但实干型人格的人没耐心等待，他们常习惯抢拍，而后自己滔滔不绝，让别人听自己说。

　　拿职场开会来说，不知道大家是否思考过这样一个问题："领导为什么喜欢开会？"很多人认同的一个答案是："因为爽啊，一群人听自己讲话，多爽啊。"

　　是的，一群人围在你身边，听你说自己的想法和意见，这在人人都述说认同的时代，是何其妙哉？

有时候明明10分钟能说完的事情，开会愣是开了一个多小时，但来来回回反复就是那些车轱辘话，翻来覆去地讲。这种事情，领导们习以为常，因为最关键的是，在领导的位置上实干型人格的人居多。

【气场修炼方略】

实干型是一个很讲究原则的类型，不喜欢别人违反自己的原则，或者说潜意识里有一种自负情结，总是认为自己的方式往往是对的，是最好的。

所以实干型人格的人很喜欢定下很多的规矩、原则，因为毕竟无规矩不成方圆。但过于繁复的规则，同样也会限制大家的性格，就像大锅菜将大家最后熬成了同一种菜。

不过过多的规矩难免给人一种官腔感，因为实干型人格的人喜欢凡事按规矩办事。员工也好下属也好，毕竟不是机器，其实人与人之间讲究的是人情。

一个好的老板，也许他的公司潜力不大，不过他很会做人，对下属很宽容、不苛刻。这会让很多员工喜欢留在他那儿，会用心做好自己的工作，即使是辞职也会与他成为一生的朋友。过多的按规矩办事，过多的条条框框会让别人觉得你不通人情。

既然所有的东西都按规矩办事，那么对方就会觉得这仅仅是一份工作，没有其他的情感因素。你给的薪酬高，我就在这里做。相反有一天如果你的公司陷入低潮，那么对不起，我抬腿就跑。

官腔其实是个人人都很讨厌的东西，因为它代表的是阶级，是上层和下层的阶级，是支配者和被支配者的阶级。所以，当你发现可以交流的人越来越少时，请审视一下自己，观察一下自己，是不是在说话时总不时夹杂着那讨人厌的官腔以及命令语气。

其实实干型人格的人的气场是强势的，在职场里有时候甚至有点苛刻，会非常在乎设下的条条框框，非常在意有谁去打破他们制定的规则。似乎，那就意味着在挑战他们的权威，触犯他们的禁区。

其实慢工出细活这个道理谁都懂。在美国的屠宰场以及养牛场，都会为牛戴上耳机听音乐，前者是为了让牛放松肌肉，因为紧实的牛肉并不好吃；后者是为了让牛在愉悦的环境下多产牛奶。

很多实干家如今身在中层，对待下属十分严厉，常常因为一些小事而大发其火。这种状态让他们的气场就像点燃的炸药包一样，人们敬畏他们、惧怕他们，但并不是真正臣服于他们。犹如狐假虎威的狐狸一样，显然他们在张牙舞爪、乐此不疲地指点江山，但其实别人真正怕失去的仅仅是工作。

【迷津点拨】

实干型的人太过于注重利益，太过看重对方的价值而少了一些人情味。他们不能主观地让朋友、同事变成第二个他们，变得像他们一样。虽然他们觉得这是为对方好，但对于别人这是一件很痛苦的事。因为每个人都是自己的王，容不得别人让其俯首称臣。

亲和力在言语中体现得尤其鲜明，少说"我怎么怎么样"，多说"我们、咱们怎么怎么样"。少在举杯前说"今天我们……"，并不是每次吃饭都需要主题，因为吃饭是一件很随意的事情，不需要总是在饭前讲两句。

总而言之，实干型的人的气场修炼方式是：少说废话，多考虑别人的感受，和大家团结在一起。

三、并不是像你一样才是成功

【勿以恶小而为之】

对很多实干型的人来说，"勿以恶小而为之"并不能引起他们足够的重视，因为他们可能觉得"恶小"并不古怪，无非是一些小习惯。其实这不是重点，重点是他们有这种思维习惯。比如在生活上：他们有洁癖，所以他们要求伴侣也要注重卫生。他们害怕螨虫，所以他们要伴侣每天换贴身衣服，来保持洁净。因为他们准时，所以他们讨厌别人迟到，甚至会因此抱怨或大发雷霆。

但其实，这是他们自己的习惯和生活方式。有的人就是小迷糊，会不时迟到一点。有的人就喜欢桌子上摆满乱七八糟的东西，这样用着方便。有的人工作很累，回家倒头就睡，别人没有权力让其爬起来再去刷牙、洗澡。因为，每个人有选择自己生活方式的权利，即使那些习惯并不好。只要无伤大雅，请尽量克制自己，别对别人指手画脚。

恋人会因为这些生活琐事而与他们无止境地争吵，即使他们的出发点是好的。同事会因为他们的洁癖而变得规矩，但并不会发自内心地感谢他们。朋友会因为他们的特殊癖好，而在某些场合顾及他们的感受，但其实不一定真的喜欢这样。

哪怕是偶尔同行的陌生人，大家也会宽容礼让。那么实干型的人又有什么权力去苛求身边人呢？除非想放弃他们。

【我总是喜欢让别人像我一样】

我的前老板就是一个对时间很刻薄的人。他常常每天早晨准时站在门口，冷冰冰地看着我们，用像审犯人的眼神一边看着时间，一边看着电梯门。他每天都是如此，让我们这些员工十分害怕迟到，但更多的是厌恶他。

他喜欢桌子干净，每天都会在办公室里将自己的桌子擦一遍，才会开始工作。桌子上的东西也会摆得整整齐齐，总而言之这是一个有洁癖的老板。如果你想从他的脸上看到表情，那你可就失望了，因为他喜怒无常。有时候他可能不顺心，就会来到你桌子前，将你桌子上他觉得多余的东西全部扔掉，然后一言不发地走掉。

这种事情经常发生，男人的香烟、打火机、口香糖等，女人的零食、化妆品、减肥药等，经常是中午你一转身，下午它们就已经进了垃圾桶。

大家很愤怒，但又敢怒不敢言，老板在我们眼里就像怪物一样，而且是固执的怪物。但很奇怪，他给大家的薪水还不薄，否则大家早就作鸟兽散了。

他要求每日一名员工在中午休息时，对办公区进行清扫。有一次，一位同事草草扫了两下就坐在电脑前聊天去了。他回来以后，指着印在瓷砖上的鞋印大发雷霆。同事在老板的办公室里最终也爆发了，脱了自己的西服，指着老板破口大骂，说早晚有一天要将这家公司挤对死。

后来，公司果然倒了。那名同事去了别的公司成为骨干后，用人脉关系连续强挖公司几名得力干将，公司一夜之间就变成了空壳。虽然老板这脑袋还在，但左膀右臂已经断了。老板没有痛定思过，依然我行我素，渐渐地订单少了，效益明显下降，自然工资也有所下调，变成了与同行不分伯仲的薪酬。在同等情况下，大家为什么还要忍受老板的苛刻限制呢？有很多同行业公司管理人性化，而且人情味十足，大家为什么还要在这里受"虐待"呢？

在公司周转不灵的恶性循环以及老板当初的苛责高压下，员工联名集体跳槽，一间巅峰期达几十人的公司，一夜之间员工只剩下个位数了。最后并没有大家期待的什么惊天逆转、涅槃重生之类的奇迹发生。

如果打一个不恰当的比喻就是：他试图咸鱼翻身，不过咸鱼翻身之后，其实还是咸鱼。所以，他的公司最终倒闭了。

【气场修炼方略】

因为实干型是一个相对比较强势的类型，所以这类型的人在生活中总是处于主导位置，常常代表着正确与经验。因为丰富的经历以及一系列光环围绕着他们，所以大家常常会询问他们的建议，比如如何开一家公司，如何开一家店，如何混迹于职场。长此以往，难免他们会有好为人师的习惯。

其实人生所谓的经验是一种借鉴，他人不会全盘接受，也不会全盘否定，简单来说就是你的经验不一定都是对的，一件你做成的事情别人做也不一定就会失败。

这种生活角色更像是一位"父亲"，以自己的经验不厌其烦地告诉自己的"孩子"，什么事情该怎么做，什么事情是对的，什么事情是错的，需要怎么做才能成功。

曾经，菲尔博士遇到过一位实干型企业家，人前光鲜但在人后却是愁眉不展。通过交谈菲尔博士才明白，他与自己的儿子、家族企业的继承人相处得并不好，因为儿子不喜欢经商，叛逆得让他无法理解。这给作为父亲的他的打击是沉重的。自己辛辛苦苦干了一辈子，为的就是儿子能子承父业，不再为五斗米折腰。这件事情让他意志消沉，即使人前再光鲜亮丽，银行卡里多出再多的零，他也并不开心。

他向菲尔博士大肆抱怨儿子的为非作歹，比如说儿子加入朋克族，总是半夜偷着跑出去跟一群妖魔鬼怪厮混在一起。他组建乐队玩摇滚，那种重金属的嘈杂让他十分反感。他斥责如今的社会，那些曾经无所事事、一文不值的小混混穿上艺术的马甲来欺骗自己的孩子，他们就像瘟疫一样感染、传播着消极病毒。

菲尔博士听完哈哈大笑，点头称是的同时也问了一下他孩子的名字，两人约定下次再聊。回到家菲尔博士通过搜索找到了企业家的孩子，他有一支乐队叫COS，在周末会去一家酒吧驻场。

菲尔博士随即与企业家约定了周末去酒吧喝酒，本来对方是拒绝的，菲尔博士执意邀请，对方只好无奈地推托了本该去的一场音乐会。

周末两人相见，企业家一如既往地穿着正统，菲尔博士竟然穿得十分朋克，就如同身边那群年轻人，这可把企业家吓了一跳，他瞪大眼睛问菲尔："我说老兄，你是不是受刺激了？""哈哈，没有啊，我很OK。""你可是大名鼎鼎的心理专家，不怕别人认出你吗？""我正在试图揭开你的问题，老兄。""什么？难道让我也穿成这样吗？别开玩笑了，菲尔。""好的，那么我们慢慢来，首先你要放下心中的成见，你真的了解朋克吗？了解你身边的这群年轻人吗？你又了解你儿子吗？他喜欢什么呢？""呃，等我想想……哎，菲尔你不要跟我绕弯子，试图改变我的想法，问题在于他不听话，我的儿子应该像我一样顶天立地，而不是这样人不人鬼不鬼的。""好吧，那么一会要鼓掌，这个小事情OK吧？""好的，这没问题。"

酒吧的演出正式开始，第一个出来的乐队便是COS，朋克迷们惊声尖叫，而吧台角落却传来了经久不息的掌声。企业家的儿子看到了自己的父亲正在给自己鼓掌，当然企业家并没有认出来此时的儿子，他只是完成答应菲尔的请求。

台上的主唱今天明显十分激动，他的眼眶泛红，将自己脸上的朋克装都弄花了。一曲唱毕，主唱忽然换上一首抒情歌曲——I believe I can fly，这曾是企业家支撑自己信念的歌曲。

企业家听着熟悉的曲调，发现台上深情的演唱者是自己的儿子，他十分讶异。他知道这是自己无数次哼唱的曲调，与儿子快乐的记忆从脑中不由自主地浮现，一时间感慨万千。

"这首歌我要送给我的父亲，虽然他十分讨厌我的现在，但是我爱他！"当主唱说完这段话，企业家捂着脸在哽咽，那个在外人眼里坚强且强势的巨头如今却在落泪。

演出结束后儿子坐在了企业家对面，两人似乎很久没有敞开心扉好好聊聊了，菲尔欣慰地看着这温情的一幕，调侃地对企业家说："老兄，我先走了，这父子时刻留给你们两个，有时间找我钓鱼。"

大概半个月后，企业家打来电话邀请菲尔博士一起出去钓鱼（菲尔博士是钓鱼、高尔夫爱好者），他看到菲尔时十分正经地感谢菲尔并与他分享接下来的事情。他与儿子约好，这5年让孩子去玩乐队，5年以后回来接管家业。菲尔夸张的欢呼表达了自己的喜悦，企业家却笑着给他一拳："我说老兄，真有你的！"两人很有默契地甩出钓竿，开始享受着钓鱼的快乐。

实干型的人要注意了，不要把自己的生活方式强加给别人，每个人都会思考，都愿意按照自己的方式前进，你只须要提供善意的建议。

【迷津点拨】

实干型的人就是这样，正如上文提到的企业家，无论是在事业上还是家庭里都始终处在强势主导地位。在员工眼里他是老板，在家庭中他是父亲，在大众眼里他是名人，占据一切主导位置，受人尊敬并推崇。

他们是非凡的、成功的，在外面可以赢得掌声和鲜花，他们的很多话充满哲理被他人铭记，不过并不是所有人都会听他们的，比如孩子这个小坏蛋就不会买他们的账。

能让篮球飞人迈克尔·乔丹这种天皇巨星低下高傲的头，心甘情愿地为对方系鞋带的只有他的儿子。这也从侧面说明，每个人须要承担多重身份及多面性。

所以，他们需要调整自己来适应在社会上扮演的各种身份，不要肆意地标榜自己，固执地认为自己的抉择才是正确的。要知道条条大道通罗马，三百六十行行行出状元。

人生无所谓捷径还是弯路，未走过弯路又怎会知道哪里是捷径？但这本身是自身的一种认识过程，而不是他人的。传授经验是对的，因为经验可以借鉴，不过不要妄加阻拦、指指点点。毕竟每个人的人生都是自己的，有自己选择生活、方向的权利，即使身为父亲也没有资格替孩子抉择人生。

四、没有成就≠没有价值

【结果无可厚非，但过程同样精彩】

对于现实主义的实干型，过程似乎并不被他们看重。他们更喜欢以结果来衡量价值，比如说："如果结果是好的，那么过程一定是精彩的。"坦白来说，这是一句金玉良言，但未免有些太过冷漠。

我们都知道，林肯是历史上最杰出的领导人之一，他拯救联邦并且结束奴隶制度，让400万奴隶翻身做主人。他一直都是美国历史上被大众缅怀的总统之一，为了纪念他的杰出贡献，有很多地方以他的名字命名，林肯公园、林肯纪念馆、林肯汽车、林肯大学等等。

作为一位载入史册的伟人，可以说他是极其成功的，但如果翻看他的履历的话，你会十分诧异。

他7岁时全家被赶出居住地，他需要工作来养活家人。9岁时他的母亲不幸去世，享年35岁。他22岁第一次经商失败。23岁，竞选州议员失败，想入法学院被拒，工作也丢了。24岁，向朋友借钱，再次经商，年底破产，最终这笔欠债还了16年才还清。25岁，再次竞选议员，最终当选。26岁，订婚后即将结婚之时，未婚妻不幸病逝，他的世界塌了。27岁，精神崩溃，卧床6个月。29岁，争取州发言人，落选。31岁，竞争选举人，再次落选。32岁，当选国会议员。34岁，参加国会大选，竞争国会议员连任失败。37岁，再次参加国会竞选，当选。39岁，希望国会连任，失败。40岁，试图在自己州内竞选土地局局长，遭拒。45岁，竞选参议员，落选。47岁，竞选副总统，票数不足100票，落选。49岁，竞选参议员再次落选。51岁，当选美国第16任总统。55岁，连任美国总统，并且领导北方军队取得胜利。56岁，在剧院被人开枪谋杀。

如此曲折的人生历程，最终却获得如此伟大的结果，让人不忍歇歇。当然这符合实干型人格的人的结果逻辑，林肯总统的过程是精彩的，同样也是艰辛的。但假如没有这一路走来的经历，没有在这不断摔跤中磨炼出来的意志，林肯总统根本走不到最后。

结果固然无可厚非，谁都希望获得好的结果，就如同每个揣着藏宝图拿着铁铲的追梦者，都拥有一个黄金梦，都希望一夜之间变身百万富翁。可最终只有为数不多的人得以实现梦想，大家可能会小声咒骂他们为幸运者，但也许只有他们自己最清楚，这一路他们是怎么艰辛走过来的。

【回头看看走过的路】

老戴尔来到菲尔博士气场训练课时，已经是一位将近50岁的老人，他鬓角斑白，冷眼看博士带着学员在欢快地做游戏。当博士邀他过来参与时，他挑衅地问："我想我是不是走错地方了？这更像是成人幼儿园。"博士笑笑并不介意，将他领进人群。

今天菲尔博士的活动名称叫"回头看看走过的路"，其实游戏很简单，就是让大家轮流站在讲台上讲自己的过去。大家一个个走上演讲台，就像一场郑重的颁奖晚会，而平日里只能坐在家里抱着电视机的观众如今却要走上舞台中央，仔细讲述自己的生平。

菲尔博士将舞台布置得很棒，舞台灯火辉煌还有专业的灯光师以及摄影师。在晚会来临之前，大家要去后台换上最华丽的衣裳。你可以看到，本来一群委靡不振的群众，在精心打扮下仿佛焕然一新。

菲尔博士担当主持人，挨个介绍在场的20名会员，大家衣着华丽得仿佛是大明星，频频挥手致意。难以相信，刚刚还粗鲁不堪、满怀怒气的老戴尔此刻竟然在像个期待的孩子一样，按捺着自己激动的心情。

大家开始轮流讲起自己的生平，从小开始讲起，其间讲到了很多当初的糗事，而讲起自己曾经的成就时两眼中则是掩饰不住的骄傲，整个人都显得神采飞扬。每当一名成员演讲结束，场下掌声雷动，有的人竟然感动得落泪。

是的，这一刻大家都十分真实、十分动情，听着舞台上演讲的事迹，很多事情就像在说自己。大家在笑与泪中终于迎来了戴尔，刚刚那位面目有些狰狞的老家伙。

老戴尔上台后绅士地为大家鞠了一躬，并且真诚地感谢菲尔博士与大家愿意听他的故事。他的一生很精彩，当过美国大兵也参与过战争，开过饭店，当过老板，辉煌时在华尔街有自己的公司，也曾在海边买下过价值百万的别墅。是的，老戴尔曾经是很牛的一个人，尤其是他讲起往昔时那无法遮掩的自豪。虽然现在他已经一贫如洗，不过在此刻他更像是一位成功人士，找回了往日的信心和掌声。

这堂3小时的课最终在老戴尔的演讲中结束，参与的会员最后激动得齐齐站起来为他鼓掌。菲尔博士走上台给他一个热情的拥抱，老戴尔热泪盈眶。

老戴尔哽咽地说："我是一个坚强的男人，即使是我的百万豪宅被银行收回，不过今天你们让我这个老家伙出丑了。也许你们不知道这一刻对我是多么重要，当我失败后没人再相信我、信任我，包括我的家人和孩子。他们认为我完蛋了，这辈子都完了，我也是这么认为的。我不再是当初那个呼风唤雨的戴尔，只是一个没用、等死的老头。"

【气场修炼方略】

年轻的时候，我们总难免磕磕绊绊，遭遇种种挫折，心情也难免会失落。在人生中失败是不可避免的，怕的是没有勇气再站起来。就如老戴尔，他曾经也是辉煌一时，但由于失败而变得犹如风烛残年的老人。其实他并不算老，还不到50岁，肯德基的创始人哈兰·山德士在65岁时才刚刚起步。

可怕的是自己不再相信自己，别人不再相信你。金钱是形成气场的重要筹码之一，而失去金钱也同样会让很多人失去气场。曾经强大的气场在失去筹码后变得不堪一击，别人一个眼神、一句揶揄就可以将你残缺的气场轻松击破。有时候我们要回头看看走过的路，看看哪里是对的、哪里是错的，让自己想起，原来自己也曾成功过。是的，无论是谁曾经都有过人生的巅峰时刻，而我们要找回那种感觉，那个处于风口浪尖的强大气场。

在人生失意时，不妨采用一个有些老套但依旧管用的调节心情的方法：去厨房拿一个新鲜的苹果，直视这个苹果，问自己这个苹果是酸的、苦的，还是甜的。天哪，这是多么幼稚的问题，你一定会不自觉地撇撇嘴，不屑于回答这个问题，也不屑于去做。假如你还有心情鄙视这个问题，那证明还不坏，最可怕的是麻木不仁、对凡事漠不关心的态度。

亲爱的，快去厨房洗一个干净的苹果回来，快去！让大家感受到你风驰电掣的气息，好的，现在请你看着这个苹果，认真地思考10秒钟，然后告诉大家答案。

"它是甜的！"

有时候，就是这样。人生再苦再累，当你的付出得到收获时，你便会觉得人生其实是甜的，就像你现在大口咬着的这个苹果一样，它也一定是甜的，不是吗？

【迷津点拨】

实干型的人不喜欢正视自己的错误，在错误面前总是选择强制性的遗忘。他们不喜欢审视失败的细节，虽然在下次做事的时候会注意，但是有时候他们的执著还是让他们犯下错误，但他们不知悔改，只是为了维护自己的威信。

过于看重结果会让他们看低过程的重要性，可能他们在青春时为一些事情洒了一腔热血但最终却没有得到什么实质利益。是的，他们可以理解为这是一种失败。不过这其中的经验和奇妙的过程，也许可以在日后助他们一臂之力。

没有成就 ≠ 没有价值，很多事情都是有其必然的价值存在于这个世界的。我们不能因为摔倒一次，就认为奔跑是错误的，人生本就不会一帆风顺。

假如这一次摔得很疼，那么用时间养好伤，然后挥舞臂膀迎接下一次全速奔跑的快慰。

当你廉颇老矣之时，让你感到满足和快乐的或许已不再是那些追逐了一辈子的阿拉伯数字，你早已不在乎它每天的变换，无论是多一点，还是少一点，总而言之它已经对你失去了魔力。但你会时常沉浸在年轻时那些穷困的记忆里，为当初坚强的自己而自豪。即使当初遭遇艰苦的困境，遭遇人情冷暖，但当初依然不肯妥协的自己是那么倔犟，最终力挽狂澜，这些精彩的回忆将是你老去之后慢慢品尝的经典。

瞧，这过程是多么的精彩。

五、做"众星捧月"中的"星"

【别吝啬你的双手，给别人一点掌声】

当别人站在舞台上担当主角时，请给他一点掌声，即使他的表演并不怎样，或者你清楚地看到他嘴角抽搐下的紧张。是的，请给他一点掌声，给他一点力量，这是对别人的一种尊重，也是体现自己修养的一种方式。

来吧，别吝惜你的双手，给别人一点掌声，让他也有信心当自己人生的主角。这样，他会从心底感激你，并对生活充满热情。

实干型是气场相对强势的类型，在九型人格当中大有鹤立鸡群的优越感，因为他们的气场十分积极，并透着舍我其谁的霸气。他们觉得似乎在哪里他们都应该是明星，他们都是王，他们都是主角。其实这种争当红花、不甘绿叶的心态是好的，但如果凡事都是一家独大的话，那未免太惹人厌了。

所谓花无百日红，谁也不可能成为一代天骄，一生独领风骚。并且，这种行为很容易被"枪打出头鸟"。古语讲："木秀于林，风必摧之。"

在娱乐圈里有多少明星像流星一样，一时闪耀至极，随后销声匿迹、音信全无。这种生活落差巨大，当初备受追捧，如今却沦为大众。让很多已经习惯皇帝待遇的庶民接受不了，所以便会在心情激动时做出过激的事情。

生活中也是如此，假如你如今的生活太过于高调、太过招摇的话，也许今天你享受着人生成功的荣耀，但明天巅峰过后的失落可能会让你尝尽人情冷暖，那时候你一旦心灰意懒便再也没办法崛起了。

所以，莫不如在享受他人掌声时也不忘赠与他人掌声，这显得你有"大哥"气度。长江后浪推前浪，这是一个恒久不变的道理，总有一天我们都会变老。曾经贵为台湾综艺四大天王之一的吴宗宪，如今却落得要变卖房产，属于他的那个时代已经过去了。或许很多年后，他会被我们遗忘掉，变成一种记忆。但当初被他带出道的周杰伦，如今却是如日中天，无论电影还是唱歌，依然拥趸众多，依然是红遍亚洲的小天王。

《岁月神偷》里有一句蕴涵着人生哲理的经典话语："在幻变的生命里，岁月，原是最大的小偷。"总有一天，我们都会老，这是无法改变的事实。总有一天，我们都会从年轻时的锋芒毕露转变为人到中年后的重剑无锋。也总有一天，我们会从昔日的王者变成一名老兵。那么，不如给别人一些掌声，也给自己留一点后路。

【给别人一点时间和空间】

林子是名实干型的领导，他每天最头疼的事情，就是自己的团队有个怪才。别人早上8点准时来，他每天都9点来，后来直接申请9点上班，其原因是睡觉太晚早晨起不来，他将午休的时间抹去了，正好填补上空缺的这一小时。最让他觉得奇怪的是，这荒诞的理由竟然审批成功，公司准许他的这种特立独行。

林子看他十分不顺眼，来得比别人晚，还经常带早点来公司，边吃边看新闻，等真正进入状态的时候，已经将近10点，整整比别人少工作了两小时，并且每天如此。做事也总是不紧不慢的，仿佛一切了然于心，万事尽在掌握中的感觉。

小伙子以一种很自我的方式在公司生存，每天戴着耳机听音乐。公司里大部分人不会戴耳机，因为平时要交谈，而且林子不喜欢大家戴耳机，觉得这会分心影响工作。小伙子每天总是戴着耳机工作，有时候身体还会随着音乐摆动，让林子看着特别不爽，但又无处发作。

他每周布置任务时，都会将最难的、工作量最大的任务交给小伙子，试图让他尝尝苦头。小伙子接了任务，没有丝毫紧张，依然我行我素，还是每天9点来上班，照旧在上班时间吃早餐，戴耳机听音乐。有时候他就坐在那儿，查一些资料，翻一些书，始终未见有所行动。别人都在工作时，他轻松地看书，一脸悠闲自在的模样。林子气得脸都绿了，他发狠话让下属都注意了，这次谁的项目任务未完成，就滚蛋。为的就是变相赶走小伙子，因为他的任务量最大，所以正好趁此辞退他，因为他实在是影响团队纪律。

任务期限即将结束，下属哀叹声一片，很多人都还没做完，这让他有点生气。而更让他意外的是，在规定日期内怪才竟然完成了任务，而且比别人做得都快。他自己的一位心腹，是这次任务结束后统计的最后一名。毕竟提前说过末位淘汰，自己是领导，假如这次只说不做的话，那么有损威信，所以林子只好"挥泪斩马谡"，辞退了心腹。

林子遭遇此事之后，开始尝试换个角度去看待这名怪才，他发现其实平日里他比其他人更加专注，效率很高。比如说，他喜欢做事之前先看众多的资料，或者喜欢坐在那里，以前林子一直认为他在发呆，但后来他发现其实他是在思考。比如大家中午在聊天，他在桌子上眯一下就接着工作，大家工作空当闲聊，他从不参与，依然很专心地工作。

这也使林子认识到一个道理："磨刀不误砍柴工。"那小子看似我行我素，其实只是喜欢用最适合自己的方式来工作。而当一个人用适合自己的方式来工作时，往往最高效，最有成绩。

【气场修炼方略】

实干型的人经常会遇到上文提到的这种问题，因为始终处于强势地位，所以如果别人不看重自己就会十分不爽。不过事情要分两方面去看，第一种你可以辞退他，不过这也从侧面体现出你的心胸狭隘，容不下人才。第二种你可以选择重用他，毕竟千里马常有但伯乐不常有。

识人之才是身为领导必备的，所以实干型的人要多运用逆向思维。你会觉得一个不听话的下属不是好下属，但其实真正的好下属往往是与你关系十分简单的那种。

实干型的人在生活、事业中都会努力占据主导地位，在生活中是一家之主，在事业上也多为管理层。

实干型的人像对地盘敏感的雄狮，随时准备攻击侵犯自己领地的入侵者。这便是实干型的弊端之一，在哪里都希望占据主导地位，往往喜欢众星捧月的感觉，而不是做星星。

比如在一场表彰会上，你们部门获得了表扬而你获得了演讲机会，这时候你应该将多数的荣誉转让给你的部门和下属而不是独享。同样，如果有机会，尽量提拔下属上台，这样无论是领导还是下属，都会对你评价很高。

实干型的强势主导气场，往往缺乏亲和力，所以想提高气场，就要修炼为人处世方面，让自己"外圆内方"。

很多人最终变得平庸，不是因为没有强大的气场，他们有好的家世、学历、天赋，但最终变得平凡，原因就是没有找准自己的定位和处世技巧。八面玲珑的人才是处世高手，同样，他们也是控制气场的高手。

另外，就是说话做事前空出10秒钟让自己思考。实干型的人很少顾及别人的感受，在一个团体中生活，说话做事一定要想好大众是否能接受，不需要很久，只要10秒钟就可以（某些特殊情况除外，不然就没有独树一帜的可能了）。

每天记得这么做，久而久之，你就会发现你的身边聚拢了一大堆人，大家都很喜欢你，你再也不会因为特立独行而被别人排斥。你的负气场在无声无息中变成了正气场，而且还在慢慢发展壮大。其秘诀就是"换位"。

【迷津点拨】

在中国古代的文化里，做人谦逊、内敛一直被视为传统美德。但在西方文化的冲击下，做人低调、谦逊则被视为软弱、无能。

如今，个人主义充斥社会，这谈不上是一件坏事，但也不能称为一件好事。过于目中无人、唯我独尊则是一种狂妄，就像一柄双刃剑，自信是人人欣赏的，但自负则让人反感、厌恶。

"我一定能做到。""我没有什么做不到。"这两句话虽然只有几字之差，但可以看出两者的逻辑方式却是正、负两极的。前者对自己充满信心，后者则狂妄地认为自己天下无敌。

六、偶尔休息也会与众不同

【即使你是机器人，也该适当浇点油】

如果要选九型人格中最热血的，那一定是实干型。实干型的热情似乎是天生的，尤以白羊座、狮子座居多。他们就像一座经久不息的火山，持续喷发着自己的热量，点燃自己也点燃别人。

实干型是自燃型，具有天然性质，不需要别人带动影响就干劲十足。诸如助人型、自我型、忠诚型则是可燃型，享乐型则是不燃型。当然这是一个概括性质的分析，不能以偏赅全。

当实干型人格的人找到适合于自己的项目时，就会爆发出巨大的能量，所以他们也是工作狂最多的类型之一。除了吃饭、睡觉，剩下的时间似乎就是给工作准备的。娱乐？算了吧，实干型的人认为工作就是一种娱乐，他们能在其中找到快乐，并且总是饶有兴致地对待它。

可是，亲爱的，即使你把自己当做机器人，也须要浇点油吧？否则身体和大脑也会受不了的，长时间超负荷运动是会减少人的寿命的。我知道你一定会不屑一顾，认为自己年纪轻轻、精力旺盛，并不害怕。

你可以拿很多事情开玩笑，因为这并不重要，但永远不要拿自己的生命来开玩笑，因为这并不好笑。在前两年，有多起年轻人猝死案例，原因都是疲劳过度导致脑死亡。他们长时间劳作不休息，在连续工作70小时后，终于熬不住选择了睡觉，但从此再未醒来。

【"工作狂"的升职之路】

马骁入职公司一年，从基层做起，由于很有抱负，在工作中异常投入，化身为一名彻头彻尾的工作狂。他每天工作10小时，总是公司里最晚走的员工，就连日常的休息时间也会看一些关乎职业的书。

这样的付出自然有回报，他很快成为了部门里的骨干，虽然仅仅入职一年，但其专业能力十分强。同事关于工作的大事小情都会事先咨询他的建议，听听他的看法。不过坦白说，同事并不喜欢他。

这从平日的聚会上就能看出来，同事刚开始还找过马骁几次，不过他总是百般推辞。其实他倒是没什么事情，只是觉得那样浪费时间，不如回家看看书、玩玩电脑更让自己放松。他不想跟同事走得太近，也不是很有兴趣了解同事的生活，这就是他的想法。

生活日复一日，马骁本部门的部长因为个人原因辞职了，管理层决议在本部门中提拔人才。马骁认为自己的专业能力最强，又身为部门的骨干，此次升官一定毫无悬念。

这段时间马骁更加努力地工作，好好表现，以争取升官。可让他意外的是，管理层提拔的是一名工作能力一般，挺爱组织活动的同事。这让马骁十分郁闷，随后他去找了部门经理，提出问题。经理想了想，抬头说："你的专业能力很强，大家都看得出来，不过你缺少凝聚力，而这是领导最必要的一点。领导不是你个人能做多少工作，毕竟你不是机器，而是你能将多少人捏合在一起工作，让大家团结高效地工作，团结力量才会大。这就是最后没有选择你的原因。"

马骁当时气鼓鼓地回家了，在家休息时脑中不断回响着经理的话，当愤怒逐渐转为冷静后，他开始仔细咀嚼这段话，越发觉得有几分道理。

他忽然觉得自己太过于专注专业方面，而忽略了人情冷暖，他也能感受到大家对自己的淡漠，但他一直抱着只要自己出色就可以有前途的想法，最后却是"有人升职了，可惜不是我"。

马骁开始试着笑脸迎人，也会与同事偶尔开开小玩笑，主动向同事提出想参加聚会，后来还自掏腰包组织过一两次聚会。他明显感受到同事对他热情了。第二年，他终于如愿以偿地走上了职场管理阶层。

【气场修炼方略】

马骁从当初的"工作狂"转变为"管理者"，其实更多是思想的转变，但其实也与睡眠有关。在气场学中，经常熬夜的人眼眶会泛黑，这让整个人看起来委靡不振，哈欠连天。这会散发一种倦怠的消极气场，让别人对你提不起精神和兴趣。

工作狂普遍缺乏睡眠，据统计他们的睡眠时间一般为4-6小时，长期熬夜下有的人可以一天只睡3小时。这样，他们的状态和情绪自然不会好到哪里。

在他们泛红的眼眶中，别人会看到无神的双眼，或许他们什么都没看、什么都没想。他们的整个身体散发着一种"我累了，别打扰我"的信息，让别人不愿与他们交谈、搭讪。

这种长期颓废的状态，会让他们的人缘越来越差，会使他们对很多事情提不起兴趣，也会让朋友越来越疏远他们。当别人兴致勃勃地问他们："嘿，朋友，让我们周末去野营吧。"他们疲惫的身体和面部表情似乎已经在告示对方："喂，别找我，没兴趣。"

一个神清气爽的人会散发一种"欢迎你与我交流"的积极气场，会愿意主动与人交流，因为别人可以感受到他对生活的热情，同时也会影响到别人，让彼此在交流中感觉轻松愉悦。

同样，一个严重睡眠不足的工作狂会散发出一种"别烦我，我没兴趣"的气场，让人不敢去靠近，生怕两句话说错了，他会冲自己大吼大叫。他像一头陷入困境中狂暴的野兽，给人一种随时有可能攻击他人的错觉，从而让别人疏远他。

所以，对于工作狂的实干型，修炼气场的重要一课是保证睡眠。

【迷津点拨】

亲爱的，对工作过度认真，不是一件好事情，但倘若对生活周遭、人情世故失去兴趣的话，这便糟透了。真的以为努力工作就可以事事顺心吗？不是的，生活可没有这么简单。有科学家证明，一个人在社会上获得别人的认可，只有15%是靠专业，其余的85%靠的是为人处世的技巧。

"瞧，那个怪物，他的脑子里除了工作还是工作。""他的性格十分怪异，脾气倔得很，十分难处的一个人。"不要再因自己是工作狂而沾沾自喜。这是一个群居的社会，当所有人都是错的，即使你是对的，你也是错的。

听听别人对你的评价，也许在你眼中这是无所谓的，但真的无所谓吗？显然不是，因为这些流言飞语会伴随着争议传到领导耳中。领导需要的是一个团队的凝聚力，而工作狂的你更像是独行侠，个人英雄主义。

所以，莫不如放松一下，让别人士隔三日后心情愉悦地接受你。

那么首先，先放松一下自己紧绷的神经，想想自己多久没休息了。然后填一张年假申请表，在电脑上订购一张机票。带着银行卡、信用卡、现金以及简单的行李，你还在等什么？出发吧，在美丽的大自然中汲取更大的能量！

第四章　自我型气场修炼

自我型人格的人身上充满了艺术家的气息，那天马行空的想象力以及一双善于发现的眼睛，总是可以在生活中捕捉到别人看不到的细节。他们天生对忧郁、哀伤比常人有更深层次的理解，他们细腻的感受和天赋的同情心，让他们对身边很多细微的东西能提升到更高层次的感受中来。别人的忧伤是他们的忧伤，自己的忧伤却自己一个人默默来化解。

自我型人格的人比较感性，并且轻微情绪化，我行我素的行事作风常常让别人觉得很酷，同时也让父母以及领导叫苦不迭。他们喜欢与众不同，总能让人在他们身上找到一些不同寻常的东西并惊叹不已，但他们也总是因此与人们保持距离感，因而显得很神秘。

不过，他们总是敏感脆弱，始终觉得自己很孤独，并且惧怕孤独。他们细腻，其实也在纠结，陷入一个人的哀伤中，他们其实很期望被理解。于是，在不断的幻想与消极颓废中，他们逐渐游离于社会，与现实脱节，陷入回忆和幻想中，从中攫取能量和滋生浪漫情愫。

因此，自我型的气场通常是内聚而不稳定的，是消极的，直接阻止别人接近，甚至常常让自己陷入尴尬的境地……而要把这种排斥力转化为吸引力，自我型的人就必须有针对性地加强修炼。这个所谓的针对性离不开对自我型气场所作的一个形象的比喻。这个气场有点像是造型怪异的合金罩子。时时刻刻笼罩着自己的生活，这个罩子让自己看起来与众不同。但是它同时也将光、热、水、风等生命的诸多要素统统挡在了外面。躲在罩子里面的心苗只能在黑暗中任由负面情绪的不断滋生蔓延而变得孤独、忧郁、脆弱。下面提供的几种方法就像是一根根神奇的魔力棒，能在不改变罩子形状的情况下，让阳光照进来，让空气流进来，让生活变得明媚起来。

一、微笑练习。微笑可以改变气场，拉近人与人心灵间的距离。打开自己，让别人有机会认识和了解真实的自己。

二、控制自己的思想。做每一件事时，都抱着乐观的态度，相信一定可以做好，控制自己不要往消极的方向去想，保持积极的思想。

三、远离自私，学会与人分享。

四、养成善始善终的习惯。尝试把以前被破坏或者被遗弃的工作当成未完成的工作做完。

五、培养多样的兴趣，结交各种朋友，做一些有意义的事情，采取迂回的办法把情感和精力转移到各种活动上去，把自己的注意力从抑郁的情绪中转移出来。

六、坦诚待人，让他人知道，过度亲近会遭到你的攻击，让他们不要误会，请他们在你生气的时候不要离去。

七、通过舒缓的运动来调节心情，例如瑜伽、普拉提等伸展运动。

八、坦然接受自己的与众不同，自觉地不利用这个特征去吸引别人的注意，主动融入集体。明白别人会用异样的眼光去看待与众不同的人，这不代表他们不喜欢你，而是因为他们对此充满好奇而已。

这八根魔力棒各有玄妙，等到运用自如的那一天，在完美气场的影响下，你将会情不自禁地感叹生命的美好，这一切取决于你相信与否、实践与否。

一、远离情绪控

【在心里憋出的"纠结"】

自我型是九型中最具有艺术家气质的类型，这一类型的人具有非凡的才华，做事我行我素，具有标新立异的做事风格。同样，这一类型的人大部分较为感性，因为艺术本身就是用感性的态度在世界寻找美。他们很抢别人的眼球，因为足够特别。

敏感是自我型的第二特征，别人一个很细微的动作，自我型的人便会察觉到他的意图。比如说，大家聚在一起打篮球，打完之后在便利店喝饮品，大家正热络地聊刚刚的球赛如何如何，自我型的人却买了两瓶水，递给了坐在不远处椅子上的老伯。

也许大家此刻会不解，他是如何确定老伯需要帮助的呢？因为，老伯看他们喝水时，在舔嘴唇、喉结蠕动。就是这一点点细微的动作，让自我型的人断定老伯口渴了。这就是典型的自我型人格的人，他们有一双善于发现的眼睛，在生活中寻找感动与故事。

当然这些都是好的一面，但生活中一个人如果有过于敏感的神经，往往会因为别人的一句话、一个词而与对方心存芥蒂。自我型的人对自己本身是随性而为的，所以十分放纵自己的情绪和心情。平日里他们像孤狼，按着自己的习惯随心所欲地生活，看起来什么都不在乎，把什么都看得很轻很淡。但一旦他们被什么事情刺激到了，是自己未想到或者无法改变的，那种只能接受的无力感便会让他们情绪失控。

自我型的人一般喜欢凡事自我解决，因为他们不希望别人帮助自己，这会让他们觉得这是一种怜悯，或者自己很可怜。一旦有些事情解决不了，自我型的人不懂得将事情说出来寻求帮助以减压，而是埋在心里，选择自己默默承受。

【朋友都前进了，自己没有价值】

沈庆是个年轻人，今年23岁，他十分苦恼的是感觉与朋友越离越远，他抱怨最多的是当初大家都在一起玩感情比较深，而如今都在忙自己的工作、事业，根本不怎么联系。偶尔在网上聊聊，说的也大多是自己的工作，现在的职位如何之类的。

他觉得大家都变了，变得功利了、势利了，没有以前那么纯了。那些曾经陪伴自己多年的朋友，有的去了北京、有的去了广州、有的去了上海，大家都忙着往外闯，留下自己孤身一人在老家，这让他十分孤独。

他时常在网上抱怨，在博客上写很多杂文，偶然的机会一位心理咨询师看到了他的留言，想帮助这个年轻人找回自己。心理咨询师发现他的时间很充裕，整天上网。经过交流得知，他大学毕业后待在家里一年多了，父母承诺给他找工作，所以这一年他待得心安理得。

沈庆的父母都是公务员，家境略算小康，所以开始父母没给他压力。不过这种生活倒是让沈庆十分抑郁，甚至对生活有一些绝望。他每天感觉自己像猪一样的生活，吃了睡，睡醒玩，玩饿了吃，然后再睡。

那种暗淡无光、枯燥无味的生活，让他变得有些思维麻木。有一次，他问心理咨询师该怎么办，心理咨询师想了想说："其实问题很好解决，但你不一定会愿意。"

其实办法很简单，找一份自己热爱的工作，就是这么简单。沈庆听了以后，十分犹豫，有家人的束缚原因，也有自己的原因。他虽然每日抱怨自己的生活无聊，不过潜意识里还是十分习惯如今散漫的生活。

有一天，他终于爆发了，原因是父亲不经意间的一句话："我就这么养着他呗，反正他也没什么能耐。"父亲无意的蔑视，让他十分愤怒。

第二天，他带着简历去人才市场应聘，看着人山人海的求职者，他才发现原来生存如此残酷，大家都在社会上打拼，而自己却虚度光阴。

觉醒的沈庆要换个活法，想要实现自己的价值，心理咨询师给他的建议是："选择自己喜欢的工作。"最终他放弃了自己大学时所学的专业，去了一家游戏公司。

如今，虽然仅是底层职员，不过沈庆十分喜欢这份工作，因为他从小就是游戏狂。

可能读者现在会质疑，这是否是一种误人子弟呢？对此，我想引用一句名言回答："还有什么比热爱更让人发奋呢？"

【气场修炼方略】

在气场修炼中，菲尔博士曾经针对一名情绪化的学员做过一些小游戏。"一人饰两角"，他让这名学员演一名顾客去鞋店买一双鞋，因为这名学员是个很节省的人，所以须要与老板砍价。学员很快进入角色，与他人饰演的老板砍了起来，显然得心应手，应付自如。

在几分钟结束后，这名学员顺利征服鞋店老板，以超低的价钱买了一双鞋，台下响起掌声，感谢这名学员精彩的演出。当学员准备下台时，菲尔博士叫住他："亲爱的，不不不，现在要轮到你来演老板。"

学员明显不适应，刚刚的轻松幽默消失不见，声音忽高忽低显得异常紧张，30秒钟后，他将皮鞋以更低的价格卖给了刚刚被他征服的那名老板，台下响起了一阵戏谑与起哄。

因为这是针对他的小游戏，每一次他都是主角，接受愚弄别人与被别人愚弄。在两个月后，他逐渐在角色互换后也变得得心应手，又变成了那个犀利的演技派。

他十分感谢菲尔博士，因为他的妻子发现他的情绪变得很稳定，而且为人也比以前温柔、不易怒了。这是因为博士运用了逆向思维的方式，让他不再对所有事情都主观臆断了，懂得了为别人考虑。菲尔博士总结了几点远离情绪控制的方法：寻找原因、尊重规律、睡眠充足、亲近自然、适时运动。

【迷津点拨】

作为一个智商没有"硬伤"的人，懂得控制自己的情绪十分重要，而不是做一个无法克制自己行为和情绪的人。坦白来说，这是一种人格缺陷、性格缺点，就像安装在你脑子里的定时炸弹，一旦被对方刺激到你的弱点，那么你就会像原子弹一样爆发出巨大的反应。

在国外的一项犯罪调查中，有45%的罪犯入狱的缘由是情绪失控，失手杀人或伤人。他们平日里就是一名很正常的普通人，很多都是没有任何犯罪记录，毫无前科的"好好公民"。这种突然的过失，让他的很多朋友、邻居、亲友都无法相信，这个人竟然会犯下如此滔天大罪，纷纷为其打抱不平、申冤叫屈。这一精神上的"硬伤"让很多好市民变成了阶下囚，而且数字与日俱增。

虽然我们做不到"宠辱不惊，看庭前花开花落。去留无意，望天上云卷云舒"。不过做到以上几条远离情绪控制，还是绰绰有余的。

二、别站在自己的角度衡量别人

【你的习惯：众人皆醉我独醒】

自我型的人很喜欢以自己的立场去看事物，常常给人标新立异之感。不过这也不能怪罪他们，因为人们对这一类型人的概括就是："如果我不特别，别人就不会关注我。"

自我型的人的另一特点就是，永远习惯于用自己的角度去看一件事情，这种角度有时候会和大众角度有些距离，有时候甚至是根本相反的。这常常给人一种"众人皆醉我独醒"的感觉，因为自我型的考虑角度是非常规的，也就是我们常说的"非主流"。

这种剑走偏锋的方式，往往给人带来一种新的思考，但同样也遭人反感。我们举个例子：你在一家公司任职，公司考虑一个新的策划方案，大家都很欣赏新的创意，唯独你反对。这样你遭到大家排挤及冷眼自不必说。最终公司里多数人同意，所以新方案运营了，但是后来你的顾忌应验了，这个耗时耗力的投资项目弄砸了。公司在负增长，这时候公司需要有人来承担，让大家忘记这件事，也就是所谓的替罪羊。如果不出意外的话，这个人应该是你，因为毕竟法不责众。在这期间，倘若你因为言中了结果而对大家冷言冷语一番，那你这个乌鸦嘴必被除之而后快。

有时候众人皆醉我独醒，会引来满堂喝彩，大家敬佩你的才华。但有时候却让人反感，遭人厌恶不已，会影响你的前途。

【你的看法并不一定是对的】

王宁就职于一家房产中介公司，他有两位朋友想创业，他帮助对方分析后，建议对方不要去做，因为年轻，社会阅历不够，对行业也不是很了解。

由于王宁讲起来头头是道，朋友心中刚刚燃起的奋斗的小火苗，就被他突然而至的这盆冷水给浇灭了。不过那两位朋友仍然不死心，过段时间相继开始了自己的创业之路。

每次和朋友见面，王宁都会询问对方的创业进展如何，而后用自己的经验教育对方。后来其中一位赔了，王宁稍显得意地对他说："我当初就跟你说过吧，你做不了这个东西。"没想到朋友当场翻脸大骂他是衰神，气呼呼地走了，从此老死不相往来。

而另一位朋友创业成功了。如今朋友的事业已经从当初的小作坊转变为小规模的工厂，朋友也开起了宝马、住上了别墅，前后时间不过几年。朋友和王宁聊天，偶尔还会揶揄地提起往事来证明王宁是错的。"如果当初我听你的，现在还是苦累的上班族！""几年前我是小混混，几年后我有车有房了。三年前你做中介，三年后你还在做中介。""你啊，总是想法很多，行动太少。"

王宁听着朋友调侃的言语，本想张嘴反驳什么，但一想朋友三年前和三年后的变化，最终选择沉默。

王宁一直认为凡事自己会算到，所以他总是抱着以最小的风险最安全生活的态度，而他也一直认为只有这样才可以百密而无一疏。但其实最小风险、最安全的生活没有上升空间。

【气场修炼方略】

是的，任何事情都是有风险的，无论是炒房、炒股，还是创业，但凡能赚钱的都是有巨大风险、需要你铤而走险的。

试着学会逆向思维，从对方的角度去分析对方，而不是惯性地总以主观臆断。假如你的朋友对你说："我想要当一名厨师。"这个前提可能是他对烹饪产生了浓厚兴趣，又或者他的父母有餐饮行业的经验。但如果你用主观的角度去给予意见的话就会觉得这事情不靠谱，因为他平时什么都不会做。"噢，假如你能当一名厨师的话，那我都可以成为一名作家了。""如果你能开饭店的话，我都能当主席了。"当然，这是一种夸大其词的比喻，不过自我型的人常常会冷言冷语地打消别人的积极性，认为对方的想法幼稚，是没有经过深思熟虑的。这无形中就伤害了别人，并且会让别人对他们有一种厌恶感。试想一个只会消极打击别人的人，有多少人会喜欢呢？

同样的一个问题，我们可以换一种方式和态度来给对方建议。当你设身处地对对方的环境和性格等多方面了解后，再给予对方一个相对客观的看法。

比如说："我觉得你并不适合这一行业，因为我们认识很久我觉得你的嘴不够刁，而且据我所知你的家里好像没有从事餐饮这一行业的。并且对于厨师来说，烹饪天赋很重要，你好像不是很喜欢做吃的，至少以前我没见过你有这方面的兴趣。不过如果你真的考虑好了，我支持你试一试，未来的中华小当家！"

同样是一番话，对方会乐于接受。因为很多时候，对方征求的是意见，而不是主观的评断。并且一件事对方做得了做不了在于他本身，这不是你能准确判定的，因为事在人为。

自我型的人需要管住自己的嘴，不要一味地追求语不惊人死不休，很多时候都是祸从口出。这并不是说让你失去自己的风格，而是换一种大家更能接受的方式。

还有更为重要的一点，就是"钱"。前文曾提到过，金钱可以提高一个人的气场。假设你的朋友想找人合资创业，但你只能提供一些建议，并没有资金。首先他便会将你从合伙人的身份变成旁观者，因为你没资金，就无法合作。而旁观者的意见往往是不受重视的。

所以，自我型的人积累资金十分重要，而且要改掉过于理想化的想法。小时候可能大家会说你"理想主义"，但长大之后这就变成了一种"思想幼稚"。要好好为自己设定一下未来的目标是否可实现，如何去实现，列一份计划清单给自己。

生活中我们可以追求随心所欲，但人生的路可不能随波逐流，那只会让你陷入困境、深陷迷宫之中。

努力坚持下去，为自己的明天奋斗，这样有压力、有动力的你才会拥有让人羡慕的气场。

【迷津点拨】

每个人总是情绪复杂的，生活中常见的一种状况就是，当别人正在热血沸腾的时候，自我型的人为对方泼了一盆冷水。这会令对方十分反感，甚至会遭到一个集体的排斥，这种现象在日常生活中极为常见。虽然自我型的人是在为对方好，是一种好心，但你做了一件坏事，至少对你自身来说是这样的。

比如，你的朋友正在准备开一家公司，但你却将很多的困难摆在他面前，打消他的积极性，最终他被你说服，选择放弃了。有一个《小马过河》的故事，讲的是一匹小马要过河，他问了牛伯伯河水深不深，牛伯伯说一点都不深，你很容易就过去了。当他准备要过河的时候，遇到一只松鼠，松鼠赶忙劝阻他的行为，对他说："不要过河，你会被淹死的，我亲眼看到我的同伴淹死在河中。"小马听后很害怕，灰溜溜地回去了。他将与牛伯伯和松鼠的对话告诉了妈妈，妈妈告诉他："你应该自己去试试。"最终小马在妈妈的鼓励下顺利地过了河。

其实有些时候，自我型的人就像那只松鼠，没有人否定他们的好心，但有时候他们过多地从自己的角度看待问题。世上有不经过努力就成功的事情吗？也许吃饭、睡觉、呼吸这些是可以的。也就是说，任何事情做起来都会有困难。问题是，如何帮助朋友去克服，而不是用困难打击对方，让对方畏首畏尾，前怕狼后怕虎。

年纪轻轻就想开一家公司，他这样的想法可能过于理想化。也许他没有听你的劝解最终失败了。也许他从此变得一无所有，将自己变成了一个流浪汉。但别忘记，这种经历、这个过程本身就是一个宝贵的经验。

可能有很多人活得很好、家境富裕、生活美满，但他们不一定开过公司、经受过失败。如果细数很多商业银狐，他们或多或少都倒闭过几家公司。对于一个年轻人来说，什么是最重要的呢？不是学历、教育，而是经验。

所以，自我型的人别总是冷言冷语，虽然知道你是好心，但也要适当地给别人一些鼓励。记住了，"大棒＋胡萝卜"战术会让你立于不败之地！就是给点压力的同时也要给予肯定的支持，这样你才会获得他人更大的认可。

三、顾影自怜不如和朋友happy

【别窝在家里，出去跟朋友happy】

自我型的人开心与不开心都喜欢窝在家里，因为他们缺乏安全感，而家是最具有安全感的地方。自我型的人十分喜欢独处在屋子里，似乎就像那句话："戴上耳机，全世界与我无关。"是的，这很符合自我型的人的性格和生活方式，他们是九大类型中最宅的一型人。

想想看，作家、画家、艺术家不都是将自己关在小屋子里创作吗？如果以现代人的眼光看的话，自我型的人就是纯粹的"宅"一族。他们会在旁人看似无聊的家中找到很多乐趣。"在家里待着多有意思啊。""除了看电影、吃饭、唱歌、喝酒，还有什么？""我喜欢窝在家里，感觉挺好。""我情愿宅在家里。"这些都是人们听过的自我型的人给出的宅的理由，他们会列举种种外面的不好与无聊来衬托家里的舒适。我们尊重各种类型的生活方式，无论这方式多么夸张、多么荒诞，不过这是一个群居社会，需要人脉，需要走动，需要联络，需要很多，当然这可能在你眼里是一种麻烦，不过这就是生活。

自我型的人是一个矛盾综合体，一方面需要朋友，一方面又希望朋友不要打扰自己。打个简单的比方，有时候他们会在自己无聊的时候找你玩，而在他们忙的时候可能连电话都不接。总体来说，这是一个相对自我，自私程度很高的类型。

而自我型的人的内心也十分矛盾，一方面他们需要现代社会的高科技，另一方面又希望住在深山老林中，远离是非。很多人抱怨人与人之间的交流少了，以前是远亲不如近邻，如今是远亲近邻都没用。很多人怀念没有电脑的时候，大家每天晚上还会出去踢会儿球或者聚在一起玩点什么。但怀念归怀念，你却始终无法摒弃新时代的科技，不是吗？哪怕是这种抱怨不也是用键盘写在空间、博客、微博上吗？而不是一笔一画用笔写在纸上的。

当你缺乏灵感的时候，当你疲惫的时候，不妨与朋友们聊聊，不妨与同事探讨一下，这样更加有助于你寻找灵感。不要总是宅在家里，那只会让你的气场充满距离和排斥感。

古语讲："读万卷书，行万里路。"但如今却有更适合现代的名言："读万卷书不如行万里路，行万里路不如阅人无数。"这已经不是一个闭门造车的时代，即使你是艺术家，不也须要迎合当代人的审美观，不是吗？

【我像个冷眼旁观的看客，看着他们快乐】

张强的朋友不知道从什么时候开始疏远他，忽然有一天他发现自己变成了孤家寡人。这得从他平时略带淡漠的做事风格说起。举个例子，前段时间他过生日，同事自发组织送他礼物，他理所应当地拿过来，礼貌地说了一句："谢谢。"

同事们以为他会很开心或者很欢喜，但大家在他的脸上看不到任何表情，就像是天生的冷脸。本来同事密谋好几天的一场生日晚会，就因为主角的扫兴，让大家忽然觉得没有意义。何必去取悦他呢，也许他自己都不是很在乎吧。

这一场生日宴，虽然最后是张强埋单，不过可以看得出大家对张强十分不满。生日过后，在公司里显然他没有成为"狗不理"包子，平日里和他关系不错的同事也渐渐疏远了他。同事普遍对他的评价就是："这孩子人不错，但挺没劲，对什么都提不起兴趣。"

还有一件事，张强与朋友出去旅游，大家本来玩得挺高兴的，玩一些诸如诚实勇敢的游戏，图的就是逗大家笑。张强在旁边打电话，一直没参与，朋友在胡闹，逗得大家挺开心，他觉得无聊幼稚而只是旁观。

朋友们依然自顾自地玩，邀他加入，他玩了一两次后就又找借口溜了，然后在一旁看着他们做各种出糗的动作和行为。张强潜意识里认为这种行为特不文雅，所以不想参加，但他想看别人玩。就像电视里的笑星在拼命逗大家乐，而作为观众的我们在哈哈大笑一样。

等旅行结束之后，大家如同有默契般不再主动接近张强，而张强这么多年形成了一个习惯，就是等待别人找他，从来不主动出击。每天下班回家后，他玩游戏，看会儿电影、动画片，总之就是很宅的一个人。

转眼过了一年，再到生日时，没人为张强庆生。即使到了节假日，他的手机也不再响起，没人邀约，无人祝福。

【气场修炼方略】

关于自我型的人的这种生活方式，其他类型会难以接受，因为人毕竟是群居的高级动物，讲究礼尚往来。但是自我型的人往往是逆反思维的那种人，比如大家都在热烈地谈论一件事情时，自我型的人会用另一种观点去看待，所以常常"众人皆醉我独醒"。即使他们的观点博得喝彩，也会招致他人排斥，毕竟没有一个团体喜欢异类。这缘于自我型的标签："如果我不特别，别人就不喜欢我。"是的，这是自我型的人的一大特点。

如何让其他类型的人更加接受自我型的你呢？那就是要让自己的角色尝试转换。不要总是在团队中扮演观众的角色，这只会让你隐藏得更深，让别人不了解你。不要认为这是低调或神秘，这种气质更适合于成功人士和明星。前者有钱，后者有实力，两者都有吸引别人眼球的资本。

自我型的人的气场相对其他类型稍显强大，因为他们知道自己想要什么，而且对自己有信心。不过气场分为亲和力与压制力，很显然自我型拥有的是后者，所以产生的气场也多为排斥力，让别人不自觉间就收到其排斥的信号，从而与其产生距离感。

菲尔博士小的时候十分自闭，同学们表演节目时都不喜欢和他在一起。他对这个问题非常苦恼，问妈妈该怎么办，妈妈告诉他那就扮演一次小丑，逗大家笑吧。

晚会上，小菲尔扮演的小丑老实说并不好笑，不过大家还是兴高采烈地为他鼓掌，因为大家看到了一个可爱的菲尔，一个更加亲和的菲尔。虽然小菲尔像个笨蛋一样讲一些并不好笑的笑话，不过他笨拙的样子倒是频频惹得大家笑场。虽然他的表演并不好看，但表演结束后，同学们却给了他最热烈的掌声。这让日后善于思考的菲尔博士明白，如何与别人拉近距离。

表演者不一定都需要高超的演技，有时候大家更喜欢与平时不一样的你。

【迷津点拨】

心灵沟通，是一个感性得让人有点尴尬的词，无论是同性之间，还是异性之间，都很少有真正的心灵沟通。我们时常会听到："我都不知道我的孩子究竟在想什么。""我真是搞不懂他的想法。""她究竟爱不爱我。""他的洁癖真让我反感。"

在本章我们一直在讲，你需要让别人了解你在想什么，喜欢什么，讨厌什么。你要向你的朋友们展现真实的你，而不是缩在壳子里的你，像一只怯懦的蜗牛。

首先你要通过交流才知道自己有哪些不足，而且是一种真诚的、真实的与朋友沟通。打电话给朋友，"我的哪些习惯，让你不方便？""告诉我，我的缺点是什么。"他们一定会听出来你语调中的认真，而后严谨地回答你。

培养自己的气场，从克服这些缺点开始。不要总是过分地强调自己的与众不同，那只会遭人反感。

因为你的气场并不弱，所以只须要将自己原本的压制力转化为亲和力。那样，你将是一个具有强大气场并拥有亲和力的人，你将是受欢迎的大众明星。

四、用热情赶走冷漠和高傲

【让我们学会微笑】

也许自我型的人不敢相信，或者不屑一顾，但我要郑重地告诉他们："微笑会带给人一种力量。"这种力量会让人拥有自信，增加自身的魅力。先别急着反驳，仔细回想一下身边的人，有的人即使只有平凡的五官也会因为面带微笑让人看着舒服、觉得可爱而心生欢喜。而有的人即使五官精致，但由于面无表情或者冷脸而让人不愿接近。

亲爱的，这可不是一种高贵的姿态，而是拒人于千里之外。真正的高贵是一种让他人心甘情愿、发自内心的认可，而不是用拒绝来证明自己的高贵。这种概念的曲解却时常出现在自我型的人的想法里，有时候他们或许是本性，或者是故意为之，让别人难堪，从而显得自己特别。

有时候不知道为什么，自我型的人会在集体中做一些特别的事情，尤其是在青春期时，心智并未成熟时，经常会做一些稀奇古怪的事情，以引起别人的关注。其实他们也并非想证明什么，只不过想与众不同一点、特别一点点。

这种行为确实可以给他们带来关注度，但同样他们需要像个表演者不断升级难度吸引观众，在不断的提升中难免会有走火的时候，所谓"常在河边走，哪能不湿鞋"。这种过激的行为会引起别人的反感，从此开始排斥他们、拒绝他们。

那么不妨尝试一下微笑的力量，让别人看到一个可亲的你，让他们大吃一惊、大声惊叹，愿意接近你。

【我总是在无形间给别人距离感】

菲尔博士曾经针对自我型缺少笑容做过这样一个游戏，叫做"陌生人"。游戏是，成员们在一条繁华的大街上，与陌生人聊天、交朋友，然后以此向他们索要一份小礼物，对方身上任何的东西都可以。

当时菲尔博士遇到了一名有严重自闭症的自我型女孩，其实她长得十分漂亮，但总是不苟言笑，显得呆呆的，不讨人喜欢。她的父母千方百计带着她去各地医治她的自闭，但没有任何效果。

女孩是天生的冷漠，总是冷冷地看着别人、不时皱下眉头，似乎这个世界她只是一名冷眼旁观的看客。

菲尔博士带着成员们到了纽约一条繁华的大街，宣布游戏开始了。成员们开始有点紧张，毕竟是在路上与陌生人结识，这显然不是一件很容易的事情。他们有的紧咬嘴唇，有的在与陌生人打招呼时声音忽然高了几个调，有的在交谈时紧紧搓着双手，有的在裤兜里紧紧攥着拳头。

一小时过去了，成员们十分沮丧，因为他们穿着整齐的红衬衫，在这条人来人往的大街上像一群傻子。有的成员不断追逐着路人，有的成员甚至没有说清楚本意，就直接向路人要礼物。

但让人意外的是，那名不爱笑的女孩手中却攥着四五份陌生人送她的礼物，在两小时的游戏结束后，她获得了小组第一。在发表感言时，她竟然笑了，那笑容十分温暖。"噢，天哪，她像个天使一样！"大家惊讶地赞美道。

"给我们讲讲你成功的秘密吧，亲爱的天使。"菲尔博士笑着说道。原来女孩开始时也一直没有收获，直到遇到一对父子，她走过去与对方交谈，想碰碰运气。男人肩上趴着自己的儿子，儿子调皮地在抓爸爸的头发，这其乐融融的一幕让女孩忽然忍俊不禁。

女孩对父子说明来意，孩子在调皮地冲着她做鬼脸，一边依然抓着爸爸的卷毛头发。父亲一边喊儿子住手，一边还不时点头与女孩交流。这对有趣的父子让女孩此刻十分快乐，不过她依然板着脸。

男人似乎注意到这一点，他大致听懂了女孩的游戏，但他没有表态。而是选择与女孩做了一个交易："如果你能逗我怀里的小家伙笑，他说不定会将刚买的玩具送给你。"小男孩依然对她做着鬼脸，模样十分可爱，她对着小男孩也同样做了一个鬼脸，孩子乐得直拍手。

"记住现在的心情和此刻的笑容，美丽的姑娘。"男人认真地对她说道。她顺理成章地得到了第一份礼物，孩子的一份小玩具。她忽然间明白了菲尔博士举行"陌生人"游戏的意义，在接下来的游戏中，她只要站在那里注视着陌生人，冲对方微笑，有的男士甚至会径直走过来与她主动交流。

【气场修炼方略】

有人也许会说，某些人天生是冷脸、臭脸。我们且不论这是天生的还是后天的，不过不可否认的是这些人的人缘都不好。和善的人走到哪里都很健谈，身后是簇拥一片，哪怕他穿得十分普通。冷脸的人则需要奇装异服才可吸引到别人的眼球，让别人将摄像机对准自己。

在原始七宗罪中，骄傲与嫉妒犹如一对同根生的姐妹花，前者是因为过于自信，后者是因为过于自卑。就像佛教里的因果循环，因为你的骄傲而导致别人的嫉妒，所以难免会给你惹来麻烦，遭到他人的恶言恶语。

我们都习惯从他人身上找问题，以为对方的小心眼、嫉妒会导致与己不和，殊不知也可能是自身过度炫耀造成的。就如同前面所说，真正的高贵是平易近人的，这只会让他人羡慕、欣赏、热爱你，而非嫉妒你、恨你。

中国有一句古话叫："伸手不打笑脸人。"微笑带来的力量，可以让陌生人迅速熟络，成为朋友。同样，也可以让仇人之间，因为笑容而化干戈为玉帛，相逢一笑泯恩仇的事常有发生。

每天早晚在刷牙洗脸之时，看着镜子里的自己，给自己一个笑容，记住这个笑容，将它赠送给身边人，你将感受微笑带来的磁场力量。

【迷津点拨】

是的，这就是微笑带给我们的自信与力量。当你用温暖的笑容面对别人，这是世界上最美的一幕，微笑的力量可以轻易打破别人的心墙，得到对方的帮助和关心。

当你不再排斥别人，表情不再如此僵硬之时。你的气场便越发地内敛、内蕴。

微笑代表着爱与和平，代表着光明与圣洁，让别人不忍对你有一丝亵渎之心，让爱你的人沉迷于你，让讨厌你的人内心也欣赏你，让你有一种强大的磁场，这便是微笑的力量。

活着是一种修行，是一生的修行，而培养气场、修炼气场则是一生的事业。让自己做一杯越品越香、越久越浓的茶。

五、理想很丰满，现实很骨感

【正视现实，直视社会】

自我型是很喜欢拖沓的一型，习惯在自己的世界里按自己的节奏生活。所以，常常与社会格格不入。

自我型的人的理想都很丰满，不过这个现实的社会却是如此的骨感。比如说理想是杨贵妃，那么现实社会就是现代大街小巷上随处可见的骨感美女。我们常常看到荧光屏里那些少则千百万动辄上亿、豪笔一挥的形象，他们的一件衣服可能值几万，一台跑车可能是我们一生都无法积累的财富。在不断的对比中，我们就像沧海一粟那般渺小、卑微。

在电影《观音山》中，三名年轻人游离在城市与社会边缘，在彷徨、迷茫中寻找出路。不断播放的铁路、火车等桥段更是表达了电影的核心概念，其中最引人深思的一句话就是："城市这么大，我们算什么啊？"

是的，无论我们生活在一线的城市诸如北京、上海，还是一些二线城市，哪怕是小小的县城，城市对于个人来说也是庞然大物。而在大城市人们则更容易迷失其中，看着别人挥舞着大把的钞票灯红酒绿、夜夜笙歌，看着别人衣着华丽、香车别墅的生活，难免会产生羡慕嫉妒恨。

可能此刻你会深为感慨，愤愤不平地抱怨这社会不公或者诸如此类的话语。可是，这就是当代社会，与其喋喋不休地抱怨，不如动动脑筋想想怎么改变生活更加现实。

可能你会说现在社会的压力大，生存困难，从头做起没有出头之日而心生寒意之类的话。但请问，如果让你回到几十年前的纯真年代，你会愿意吗？先别急着答应，那是一个没有名牌、没有电子产品、不能上网、没有娱乐产业，一年只能吃一次饺子、一次肉的纯真年代。

怎么样？还想回去吗？傻眼了吧。所以，抱怨有什么用呢，加油吧！在生存中实现自己的价值，每天只有一点进步也是接近成功。

【天上不会掉下林妹妹，也不会掉馅饼】

杨乐的为人可不像他的名字这样积极乐观，简单来说他算是个悲观的理想主义者。糟糕的是他总是能将很多事情办砸了，心中总是放不下那些小忧伤。而对待未来和生活，他则是过于理想化，幻想某一天自己会有所成就。

每次沉浸在自己无限度的幻想后，睁开眼睛看到的却是自己的一贫如洗，这巨大的落差让他内心的膨胀又缩回现实。这样的心情和状态周而复始，不断循环。

杨乐以前在投资公司赚到过一些钱，不过由于老板给予的提成太低，最终他赌气选择离职。本来手里有一点积蓄，外加上自己接触的客户也不少，他曾帮很多人都赚到过钱，使他们每年的利润在30%以上。

辞职后，他想帮这些老客户炒股，从中抽取佣金。没有公司从中抽成，他觉得很快就能淘到自己的第一桶金。他简单地认为是自己帮客户赚钱，而不是公司赚的。这样，只要一年他就可以成为百万富翁，两年内买车买房，五年内住进北京二环，成为北京最好的投资经纪人。

想到这些难免有些飘飘然，他并未急于与客户联系，而是先拿着手中的积蓄去旅游、与朋友吃喝玩乐，先好好放松一下自己。等到钱包真正开始瘪的时候，他沉溺于玩乐的脑子才开始清醒，才意识到已经没人给他工资了。

正巧他新交的外地女朋友来看他，他急忙向朋友借了一笔钱，带女朋友出去玩了一礼拜。等两人游山玩水回来，他不知不觉间已经欠了朋友一万元外债。

送走女友他才开始联络自己的老客户，不过让他意外的是前公司早已下手，将老客户的钱投入到新的股票中。老客户可不想把自己的钱交给一个人来冒险，公司是有协议和保证的，而杨乐能保证的只是这之前的信誉。

一位老客户以前对杨乐说话都是和声和气的，之前还口口声声答应假如杨乐另立门户的话一定会誓死追随，不过现在却口气一改，说："其实吧，我只想有保证地赚钱，至于谁给我赚，我无所谓，也没觉得有太大的差别。"

局势忽然岌岌可危，最终只有一位老客户愿意投点小钱试着下水。有时候人走背运时，喝凉水都塞牙，杨乐看好的股票被套牢了。其实这不能怪别人，以前他将大部分精力都放在股票上，而这段时间根本就没有看盘。一个月前看好的股票一个月后去投入，这期间发生了多少变化？

杨乐连最后的筹码也被套牢了，那位信任他的老客户愤怒地将杨乐购买的垃圾股全部抛售。杨乐的名声越来越臭，首先是老客户之间的口耳相传，还有来自前公司的风言风语，杨乐在走投无路选择另投他家时，得到的答案似乎是统一的"no"。

【气场修炼方略】

自我型是很喜欢拖沓的一型，诸如杨乐这种自我陶醉型，在生活中随处可见。其实并非他们能力不行，否则也不会有当初出色的成绩。也并非时运不济，假如杨乐当初不是没日没夜地灯红酒绿，在第一时间将自己的老客户抓住，也许现在手里的筹码会很多，翻盘的机会也会大一些。

想一想，如果你是一位公司老板，你曾经很能干的下属如今要出去单干，他势必会带走一批人、一批资源、一批客户，也就是说大家不再是朋友，而是竞争对手。所以必然会先下手为强，谁会对敌人心慈手软呢？

菲尔博士曾在加州某家很小的咖啡店遇到一位名人，那人的名字曾经留在很多美国人心中。不过时过境迁，很显然大家已经将他遗忘了，他如今在这家朋友开的咖啡店当员工。

菲尔博士有点好奇，每天都来光顾这家咖啡店，发现他跟从前判若两人。当初的他可是以目中无人、桀骜不驯而闻名，他视金钱为粪土，赚钱却不择手段。他当初坐拥几十亿美元，而如今却落得这步田地，当年的神奇已经不再。

菲尔博士曾经在十年前见过他，那时候他风光无限，曾在社交场合公开调侃过菲尔博士："小伙子，能不能告诉我什么叫做气场？""如果你真的有气场的话，那你应该能震撼到我，可我没有任何感觉。噢，除了渺小。"

那时候他的气场是强大并有威慑力的，他的一举一动都会引来别人的注视，他就像一头充满攻击性的狮子，所有人都要向他俯首称臣才会换来存活的机会。那时候他的气场是霸道的、强权的。

不过如今的他却十分温和，气场也充满亲和力。有一次他认出了菲尔博士，两人一见如故，他对菲尔博士讲了很多后来发生的事情。

菲尔博士对他说："当初你问我什么是气场，你现在给我的感觉就是气场，它很亲和但很强大。我相信有一天你会东山再起，因为如今大家开始接受你，而并不是服从你。""哈哈，谢谢你，老兄。"

大约三年之后，菲尔有一天忽然看到了他的消息，《纽约时报》《纽约日报》的头版，标题很简单"华尔街雄狮，宣布王者归来"。

自我型的人更倾向于两极分化，通俗点说就是走极端。也就是说，不是对就是错，不是黑就是白。气场也是如此，要么在经历世事之后变得十分亲和，要么就给人一种强大的窒息感，光芒让别人觉得刺眼。

对于自我型的人的气场修炼方式，我们提出一个"水库原理"。在缺水时要记得节流储水，以防日后没水。在水多时要适当放水，以防水库饱和。

对于理想与现实也是如此，在实现理想时别想得过于美好，要将现实的形势考虑到；在现实的生活中也不要过于机械化，给自己制定一些目标和想法。

这样，自我型的人在言行举止中便给人一种稳重又有想法的感觉，气场既强大又具有亲和力。

【迷津点拨】

人生总是跌宕起伏的，有时候摔得太痛了，自我型的人承受不住便选择倒下，不是累得爬不起来了，而是选择不爬起来了。

正如菲尔遇到的那位老兄一样，曾经很风光后来企业破产立刻从华尔街的宠儿变为弃儿，被媒体、大众所遗忘。假如这是普通的自我型的人，一定承受不住这种打击。

梦想犹如天空的云，只能仰慕但遥不可及。而现实是被踩在脚下的影子，那才是真实的你，如此渺小、卑微。这种理想与现实的差距，就像天地之差，永远相隔。

这让我们十分失落，有一种巨大的失落感、挫败感，感觉自己的人生都充满失败。"噢，这感觉糟透了。""我找不到我活着的价值。""我该怎么去做，才能得到我想要的？""我恨我的理想！它让我像一只蚂蚁般渺小。""该死的，谁能告诉我，信仰是什么。""我无法做到，梦想，还是戒了吧。"

梦想是目标，不是狂想也不是幻想。它需要我们一步一步地去走，而不是总在脑中去想。喜欢做事的人身上散发的气场是积极的，因为具有行动力所以拥有感染力的气场。而喜欢说事的人身上散发的气场是消极的，即使他积极地谈论梦想，立下雄心壮志，但明天你会看到，他还是他，一样的今朝有酒今朝醉，还可能因此会换一个梦想以当话题。

所以修炼气场，要从当下开始，规划好目标，假以时日地去实现吧！

六、一个人吃饭、看书、旅行

【人生风景各不相同，学会独处】

自我型还是渴望温暖的类型，希望自己有很多朋友。《一个人的旅行》，这是在浩瀚歌曲中很不起眼的一首歌，却道出了很多道理。是的，这一代的我们很惧怕孤独，很少一个人去做什么，大家都很喜欢结伴而行。比如说："五一长假去哪里一起玩？""周末一起去×××好吗？""晚上大家去K歌怎么样？""呜呜呜，我失恋了。""我心情不好，能陪陪我吗？"

看，这些都是我们生活中常说的话，这已经充分说明我们多么惧怕孤独。当你与朋友在一起时，你有很多的话题、丰富的言语表情，无论开心还是抑郁，心情即使再坏还有人陪你。

其实这是一种依赖心理，并非是一件好事。打个最简单的比方，你这段时间刚巧有时间游玩，而你希望与朋友结伴而行。这本来是件好事，可是因为现代社会大家都太忙了，你的请求，朋友当时未必答应。

【不知不觉间我成了别人的包袱】

秦岭从小就是一名娇生惯养的小公主，她很喜欢别人围绕在自己身边，从小学、初中、高中，一直到大学毕业进入社会。她以前一直认为朋友会一辈子陪伴左右，她时常去麻烦她的朋友们。比如："亲爱的，今天晚上陪我去买衣服吧。""我想买双高跟鞋，咱们下班逛街去。""对了，我的化妆品没了，你帮我买一套。""亲爱的，我手机要欠费了，你中午帮我买一张充值卡，见面给你钱。""我现在在外面工作，帮我偷一下菜。""你知道吗，最近出新电影了，那是我最期待的电影，晚上陪我去看吧。"

这其中任何的一件事，如果单独看的话，都没有什么问题，都是很简单的事情。但如果三不五时地这样麻烦朋友，尤其是这些生活中细小的琐事，则会让朋友有点尴尬。

不过秦岭却将这些视为一种习惯，因为大家都是姐妹淘，建立了多年的感情，在以前就是如此。毕竟当初是在校期间，大家都很愿意外出，每当秦岭有提议大家都热情呼应，而且秦岭算是一个比较慷慨的姑娘，时常顺便给朋友捎带小礼物。

可工作之后，大家就不再积极响应她的号召了。有的谈恋爱，有的工作忙，有的时常出差外地，即使有时候一起出来大家也不会像从前那么闲。去娱乐时，这边秦岭屁股还没坐热，那边朋友接到电话后就急忙走了。

上班后大家都那么忙，聚会一次也很不容易，这次聚会为了防止中途有人开溜，狂欢前秦岭将朋友的手机全没收关机，朋友们也任由这位大小姐耍着性子。

不过事后一位朋友的事情却让秦岭十分后悔。因为那天她朋友的父亲遭遇了车祸，送到医院后母亲不停地给女儿打电话。不过每次都是听到同一个声音：您拨打的电话已关机。

终于在午夜零点过后，秦岭尽兴为止，朋友们才要回手机。打开手机后朋友看到母亲的20多个来电提醒，赶忙回电，一群人打车前往医院。

好在抢救及时，朋友的父亲并没有生命危险。不过当众人到达时，朋友的母亲甩手就给女儿一个耳光，言辞激动地哭着问她为什么要关机，而后母女二人抱头痛哭。

这件事给秦岭的触动很大，虽然朋友没有责怪她什么，不过她挺内疚，还专门为朋友的父亲买了很多补品。她忽然觉得自己像个包袱，总是让别人抱着，时间久了大家都会累。

又到了五一假期，这次她没有像从前一样大张旗鼓地组织活动，而是自己买了一张飞机票去了江西。她一直都很想去庐山，但每次朋友们都嫌远，想法一直未实现。秦岭一个人一张机票，带着简单的行李，褪去一些繁复，简装出发！

【气场修炼方略】

也许此刻读者有点迷惑，前几节才刚刚讲过让自我型的人多去结交朋友，多去与朋友聚在一起。而这一节又忽然掉转笔锋，建议他们独自旅行，自我型的人究竟该怎么样？

我们常说朋友是一辈子的，但朋友不可能时刻陪在自己身边。在人生不断前进的路上，大家都会走得越来越远。无论平日聚会，还是假期旅行，首先要考虑的前提是对方有没有时间，而不是只顾自己，那会让朋友觉得你这个人太过自私。

秦岭的种种麻烦，多么繁复且无趣。人生来不就是自己一个人吗？难道是连体婴儿吗？不要总奢望哪里都有人陪，有时候自己不也挺好的吗？即使是朋友有时间与你相随，彼此也要顾及到对方的很多事情。那莫不如选择自己旅行，随心所欲，想哭就哭，想笑就笑。无论你走到哪里遇到的都是陌生人，但同样也因为陌生才更加好奇、更加惊喜。

两个人旅行须要拟出具体的行程安排等，但一个人旅行还需要这些吗？不，你只须要买一张到达目的地的票，看着窗外的风景，认识新的朋友。

当你选择独自完成一些事情时，这本身就是对自身的一种升华。就像破茧而出的彩蝶一样，褪去从前的惯性与依赖，拥有今日的独立与坚强。如果你注意观察便可发现，很多喜欢一个人旅行的人身上拥有十分强大的气场。他们乐观积极，他们知识渊博，并且善于言谈，让你不自觉地想靠近他。他们就像一座宝库一样，永远给你惊喜。

【迷津点拨】

人生在某一个阶段都会返璞归真，回到一个最真实、最快乐的自己。这是一种对气场的升华，类似于古人所说的得道升仙。不过现代社会修仙飞天的人少之又少，甚至可以说基本没有。但气场却是一种心理科学，而且能帮助人们提高自身的魅力，却是不争的事实。

就如同陶喆的经典曲目《找自己》一样，自我型的人需要找回当初的自己，找回当初的那份小自信，那份万事都难不倒我的骄傲。

我有一个自我型的朋友，记得很小的时候，我问他的理想是什么，他说他的理想是当超人。我那时候很夸张地翻了翻白眼，轻蔑地看着他说出两个字"白痴"。

很多年以后，我们在北京相遇，当大家都在忙着"向钱看，往厚看"的时候，他已经从医科大学毕业，除了本职工作医生以外，还与几个朋友资助了一家福利院，活跃在慈善事业的前线。也是在很多年以后，我偶然想起当初他的理想，也逐渐明白了"超人"的意义。他就像漫画里那个无所不能的超人，在用自己的方式帮助周围的人群和大众。

我们也许生活富裕，不过内心总是会充满孤独，这是一种来自内心的、自己的孤独。这并不是有人陪伴就能解决的，就如同网络上盛传的一段话："我们愉快地玩了一天，但当夕阳西下之后，一个人走在回家的路上，看着地上被拉得长长的影子，忽然感到孤独。"

因为我们生是一个人来，走时也是一个人走，只不过一生中有很多人的陪伴让你产生依赖，所以才会惧怕孤独。我们在成长中成熟，惧怕孤独不如学会享受孤独。

第五章　理智型气场修炼秘籍

理智型人格的人通常思维严谨，做事理性，能以其独到的见解来看待生活的方方面面。但他们总是沉默寡言，一贯以专注的态度为人处世，习惯在一个角落里安静地观察事情的发展变化，几乎不会主动提出自己的看法，所以在交友方面，难免显得有一些淡漠。

他们大都知识渊博，而且对于知识的探索和需求是不会满足的，他们的理想目标是从思想中找出宇宙一切的脉络，然后分析出一些非常有价值并能帮助社会进步的观念，以卓越的透视力和洞察力，让每个人都能纳入最完美的轨道，但这经常让他们显得乏味而刻板。

他们习惯一个人来面对和处理问题，尽力不依靠别人来解决问题，是默默的执行者。总是埋头苦干的他们，不会用言语来表达，这点让他们颇为吃亏。

他们习惯把自己的感情和情绪控制在一个安全领域之内，不让坏的情绪来破坏他们良好的状态。如果有人引起他们的负面情绪，必然会引起他们的反抗。他们一向都是靠自己的能力解决困难，不会请求他人的帮助，以免欠他人人情。

由于总是容易将自己困在种种特定的行为模式里，理智型人的气场总是很难与他人或周围环境产生良性的互动，所以不太容易发挥出积极的气场力量。为了摆脱这种状况，理智型的人在进行气场修炼时，就要特别注意互动和放松。形象一点儿说，智力型的人的气场就像一座还没有被开发的宝藏，需要一点激情、一点主动、一点突破、一点行动。那么，我们就行动起来吧，一起来探寻这些能够激活人生无限能量的法宝。

一、从自认为有意义的事做起。这样有助于下意识里减少对相关事件的排斥心理，使行为更能长久地持续下去，在很好地培养意志力的同时，有利于帮助自己走出特定的行为模式。

二、尊重别人，主动交际。每个人都有其超人的一面和独特的价值，只有跟别人接触才能进步。积极参与他人的活动，慢慢体会与别人交往的喜悦和分享的滋味，练习向别人表达自己的感情，克服明明期待他人回应却又刻意掩饰真实想法的毛病。

三、适当放松，如同给一部不断运作逐渐生硬的齿轮机器加一点润滑油。

四、提高执行力，做行动的巨人，并学会冒险和求助。

五、接触情感并不等于受到伤害，不要让情感被理性分析所取代，不要让精神建构替代了真实经验。

认识了这些能够让自己脱胎换骨的法宝之后，接下来就剩下行动了。行动起来，让生活在这里转弯，让理智的归于理智，激情的归于激情。拥有激情和理智的行动会带给你不一样的气场，不一样的人生。

一、思维可以严谨，但生活不能严肃

【可不可以感性一点】

在很多人眼里，理智型的人是一类对生活、对逻辑相对苛刻的人。会计、股评家、经济学者，现实生活中理智型的人往往是集体中冷眼旁观的人，往往"不鸣则已，一鸣惊人"。

因为思维太过严谨，逻辑性、推理性太强，他们往往对周遭一些事情看不惯，或者觉得一些事情很"幼稚"。因为思想上的不认同，所以难免冷言冷语、说话刻薄一些。

也许他们并不认为自己苛刻，这其实是一种人与人之间的差别。最简单的比方就是，一个感性的人与一个理性的人同时看到一场意外，感性的人会真情流露甚至去热心帮忙，但理性的人可能仅仅是默默看着。这并非贬低后者，因为两者对待问题的看法是不同的，也没有孰对孰错之分，只是大家的角度不同，道理浅显易懂。也正因为如此，理智型的人难免有一点对生活的冷血，甚至无情，至少在他人眼里是如此。

不过人是群居的集体，人与人之间需要认同和交流，不要总是做在群体中可有可无、游离在核心之外的"边缘人"。

所以，首先放松自己的神经，好好回顾一下过往，看是不是所有的过错都是对方的问题，是不是总是别人对你不好，而你没有一点问题。

没有一个集体是为了迎合某一个人而建造的。假如一个人讨厌你，你可以视而不见，但如果一个团队都讨厌你，那就是你的问题了。

当大家都在笑的时候，你不屑为伍。当大家都在感动的时候，你嗤之以鼻。那大家又会怎么看你呢？就像外国电影中常演的那种"怪胎"。

我们都知道，其实你并不怪，只是有一点点的"特别"。这个"特别的人"在日后发展好了会变成让他人仰视的名人，但如果发展得不好的话，则会越发走向社会的边缘。

所以，为了让人生更加成功，少些不如意的烦恼，你应该尝试改变，稍微感性一点，哪怕是最不可改变的思维逻辑。否则你将永远不能理解，为什么一部电影别人哭得泪眼婆娑而你却觉得矫情。否则你将永远不能理解，当伴侣耗费很大精力为你制作礼物想给你惊喜时，你只淡淡地说一句"以后别这么麻烦"。

别总抱着批判的态度去思考，如果一部文艺片你总是抱着"大家来找碴"的态度，那么你就感受不到电影本身的张力与感动。放松你紧绷的神经，不要去拒绝那份来自心灵深处的感动。

【你总是等别人来接近，而不是主动接近他们】

这恐怕是理智型的人强烈的心声之一。是的，理智型的你十分内向、腼腆，害怕拒绝，害怕尴尬。你就像一个守株待兔的猎人一样，即使远远看到兔子的身影，也翘首期盼，只是等对方跑到这里，主动撞在你的枪口上。

虽然你的内心非常热情，或者说是十分热忱的，不过你一直缄口不语的态度会让别人有距离感，即使别人对你抱有好奇，但你的缄默也会让他有怕尴尬的心理，最终选择放弃。

人与人相互交往，在礼貌性的试探之前会先观察对方的言行举止，包括眼神、笑容等。理智型是一个相对不爱笑的类型，或者说并不开朗的类型。

假如你侥幸地认为交际中笑容远没有认识之后的实干重要的话，那就大错特错了。每个人给其他人的第一印象是非常重要的，而且在日后其他人的潜意识里很难改变。也就是说，人与人之间的第一次见面一定要言行得体，让对方对你产生信任和好感。

这也从侧面说明气场对于一个人的重要性。我们时常看到在社交场合里，有的人游刃有余地穿行在会场里，左右逢源，好不气派，让所有人的眼光不自觉地都聚焦在他身上，他就是会场里最闪耀的明星。相反，有的人只能默默站在角落，举着酒杯试图让自己不那么尴尬，但现实是无人搭讪。

可能在你眼中，那个会场里最闪耀的家伙是个酒囊饭袋，真才实学远不如你。但他却总是可以制造话题，引起别人的注意，总是有抖不完的包袱，逗得大家开怀大笑，即使你觉得那个笑话并不好笑。

在周星驰的《逃学威龙》里，坏小子在舞池里与美女跳舞，而好学生们只能坐在凳子上看着流口水。周星驰扔掉了眼镜，弄乱了发型，俨然也成了帅哥一族，是这次改变让他最终变成一代情圣。

是的，你需要一点点改变，提升自己的气场，让自己不再那么"无趣"。没有异性会真的喜欢听你讲专业方面的东西，除非你的专业是娱乐圈。所以，当你眉飞色舞讲你的专业讲得风生水起时，只会增加对方内心对你的倦怠。如果一个人的谈资只有工作的话，那通常他的生活一定是无聊的或者不够精彩的。

【气场修炼方略】

在美国第一心灵导师、气场大师皮克·菲尔组织的"陌生人3秒钟"的交际游戏中，你就会明白气场的重要性，以及交际上应该注重的一些细节。

约翰是一名生活中的失败者，他对女人没有吸引力，男人更不屑与他攀谈，他是一个毫无气场可言的男人。他的朋友试图改变这种现状，所以邀请他来参加这次活动。游戏的规则很简单，9位女士，10位男士，男士在5分钟之内设计自己的最好形象，女士通过3秒钟的第一反应来选择自己眼中的Mr Right。

游戏规则的巧妙之处在于，总有一个会是"吊车尾"，做无人问津的倒霉蛋。第一轮游戏结束，不出意料，约翰倒数第一。尽管他真挚地摆出十分渴望的表情，但他是零票。

在有景男士趾高气扬的调侃下，约翰的脸有点挂不住了，他去后台剃光蓄了几年的胡须，换上一双铮亮的皮鞋，重新梳理了有些杂乱的发型，在身上还喷了少许香水。这回看起来他算是个干净的男士，也有风度。

在第二轮游戏时，他从"吊车尾"变成倒数第三，不过还是没有获得女士的青睐。约翰十分失望，认为这是一个折磨人的游戏，并试图放弃。不过在菲尔大师的鼓励下，约翰开始思考自身的不足，发掘自己的优势。

在不断的努力中，约翰终于在第五次游戏时得到一位女士的选择，他开心得像个中了百万大奖的彩民。约翰本以为是服装让女士转变了对他的看法，但事实并非如此。"他不屈的眼神吸引了我，我觉得他在生活中也会是一个坚强的男人。"失败者约翰在"陌生人3秒钟"的游戏中受益匪浅，说其改变了他的人生轨迹并不为过。虽然日后他远不是最成功的一个，不过他找到了自身的优势，发现了自身的魅力所在。

【迷津点拨】

1. 在与他人交谈时，假如话语权在别人手里，当你插不上话时，可以注视别人的眼睛并面带微笑，不要表露不屑、不耐烦。

2. 在熟识的专业之外，了解一些大众喜欢的东西，虽然看起来这些东西十分"八卦"。

3. 明星八卦、幽默笑话可能不会给你带来经济价值，但可以给你带来与他人聊天的话题。

4. 尝试着每个月买两本杂志，可以不买其中的衣服，但要知道当代流行的趋势。

5. 多去观察一些感性朋友的做事风格和观点，你会发现他们的处世哲学也很有趣。

6. 可以自主举办一次"陌生人3秒钟"的游戏，让朋友们看到一个不一样的你。

二、不要自我隔离，与大家一起狂欢

【"扫兴"一生与你有缘】

一个团体里总会有几种人，领袖型、跟班型、理智型，所以矛盾就出现了。一个现象时常出现在孩子身上，领袖型小孩提议大家踢球或者玩游戏，理智型小孩也许会参加但总觉得无聊，或者压根就有些反感。他嘟着小嘴，看看自己手腕上的表说："我该回家了。""怎么这么早就回家，再玩会吧。""不了，我要回去看书。"大家在不断的对峙中。"唉，真扫兴！"同伴们看着他倔犟的身影走向家的方向。

这个片段随着时间变换，不断地衍生成各种故事，不过道理大同小异。随之而来的是："喂，离他远点，听说他是个扫兴的家伙。""唉，他总是这么扫兴。""真扫兴呢。"

这些小片段是否可以激起你童年的回忆呢？唉，你这个扫兴的家伙。是的，小时候的你一定很宅，有很多的爱好和兴趣，也记不得从什么时候开始，也许是从一些小事开始吧。你被同伴称为"扫把星"，因为你总是很扫兴，总坚持做自己觉得对的事情。

现在看来，我们无法判断孰对孰错，相互各有道理。你可能失去了伙伴的陪同，不过丰富了阅历，增长了文化知识。不过在当时，幼小的你一定是遭受排挤的那一位。

正如那句"有人的地方就有江湖"，在生活中小团体随处可见，由三五个人组成，这是人类的一种本性使然。

长大之后，大家学会了尊重他人的时间，不会再硬性地去安排活动。

不过每到你这里，总是会有一些分歧。比如："下次吧。""不好意思，最近有点忙呢。""我提前定好别的事情。"在几次推托之后，你的同学、你的朋友、你的同事便直接选择跳过你的意见了。因为大家知道，你的回答永远是万变不离其宗的。

可能你并没有什么重要事情，依然如平日一般看看书，或者上上网，玩会游戏，看个电影等。你讨厌虚情假意的应酬或者交际，你讨厌包房里喝得醉醺醺的酒鬼，你讨厌满屋子那浓郁呛人的烟味，因为你始终抱着冷眼旁观而不是重在参与的态度。

可能你并不知道你眉头紧锁的表情是多么伤人，不过明眼人一眼便会看懂你的表情，下次这个集体中便不会出现你的身影。也许你觉得自己解脱了，但同样你离大众也越来越远了。

【我很有包容力，彬彬有礼，但跟人的情感互动不深】

我有一个同事，她性格温柔，在工作中深受领导喜欢，一直循规蹈矩地做自己分内的工作，平时说话轻声细语，接人待物也很有礼貌，

但是她十分苦恼，似乎很多人都不喜欢她，大家习惯有问题找她，没问题视她为空气。最明显的例子就是，本来热聊的同事，一旦看她加入，就会全都散开。下班时她永远都是一个人离开，而其他人都是三三两两结伴而行。

这让她的情绪很低落，因为她没有朋友，似乎大家都将她定义为"工作机器"。她只能用工作实现自己在领导心中的价值。

她将这个问题写在了QQ上提问，我不经意间看到了这个提问，根据与她同事三年的经验给出答案。

"你从来不参加我们自行组织的聚会，也从来不与我们玩，包括探讨工作之外的东西。"

"你不喜欢运动，任何一项与运动沾边的东西，你都是站在远处远远看着，从不参加。"

"你的工作成绩十分出色，在工作上只有竞争，不择手段，让大家对你有距离感。"

"你在别人眼中是一个无趣的人，大家没有发现除了工作之外你的任何爱好。"

"你就像一部不停运转、不知疲惫的机器，冷冰得只知道工作。"

她将我的回答设成了最佳答案，并回答谢谢。在以后的时间里，大家再次自发组织出去旅游，令人意外的是她居然兴致勃勃地报名参加了。那是她第一次与我们出游，通过交流大家发现她其实并没有那么机械化，她其实是一位很有见解的女孩。陌生的海边烧烤让彼此的距离拉近，在篝火边大家唱歌，谈理想，讲几年来共事的小趣闻。

那是一段十分完美的记忆。在事后她很感谢我当初的回答，也正是因此她决定做出改变，不再当别人眼中的异类，摘下机器标签，与大家共同谱写青春的狂欢。后来的她跟着同事参加了许多活动，渐渐地得到了大家的喜欢。现在的她神采飞扬，结交了许多朋友。

【气场修炼方略】

有一次皮克·菲尔遇到一名叫多伦的年轻人，他十分苦恼，他说自己工作非常努力，但总是被同事当成异类排斥。大家都不喜欢他，他搞不懂原因。

菲尔博士是一位乐于助人的绅士，他决定帮助这名年轻人。他观察了多伦几天的日常工作，以及与人交往时探讨的问题。

多伦依然苦恼与同事交际的问题，觉得自己是不是天生就是个怪人。菲尔博士却告诉他："你不是什么怪人，你只要学会这个。"菲尔博士从柜子里掏出一副新的高尔夫球杆并送给了多伦。

博士在几天中发现，多伦的同事普遍年龄偏大，喜欢在闲暇时几个人探讨高尔夫球技。他们时常会说很多的专业术语，比如："小鸟球""后九洞""倒旋""巴拉塔""后挥杆"，这些话多伦根本听不懂，而这时多伦即使想融入也无法融入，只好回到座位上继续工作或者无聊发呆。

开始多伦是拒绝的，甚至是怀疑的。他不明白学会打高尔夫和与同事交往有什么必然关系，而且他问博士你是如何知道他们是高尔夫迷的。博士笑着说："因为我也是啊！"多伦从小到大都不爱运动，更喜欢电脑游戏，算是一个标准的宅男。

博士拿着球具带这名年轻人第一次打高尔夫，一边给他讲解这项运动，一边教他一些简单的技巧和术语。兴致勃勃的多伦球感还不错，学得很快。博士给他上了高尔夫的第一堂课，算是师傅领进门，然后修行就在个人了。

慢慢地多伦被这项运动吸引了，闲暇时就去球场苦练球技。因为在美国高尔夫属于一项平民运动，所以即使是年轻人也可以一周打上几杆。

几周后多伦找到博士，兴奋地说他融入了集体中，而与他一直不温不火的同事也开始渐渐熟络起来。他的生活变得充实了，为人也更加自信，博士经常在球场上看到一个活力四射的小伙子在与同伴们快乐地打高尔夫。

【迷津点拨】

中国有句古话叫："近朱者赤，近墨者黑。"这句话很准确地描述出人与人之间的影响，"孟母三迁"这个故事更好地诠释出人性的特点。

以多伦的故事为例，只有两种解决方式：第一种是换一家公司，换环境，换朋友；第二种是选择化被动为主动。相比前者的烦琐，后者更容易做到。多伦只需要一点点的改变就能提升自己的气场，让自己从别人眼中的男孩一跃变成男人。例如高尔夫、网球都是成熟男人喜欢的运动，尤其是职场里社交的重要工具之一。

台湾著名主持人小S在节目中谈到过气场的问题，她称只要她穿着高跟鞋她就觉得自己是女王，相反脱了高跟鞋则气势全无。穿着高跟鞋的小S是高傲的sexy queen（性感天后），而脱了高跟鞋的小S则是civilians idol

（平民偶像）。她称一辈子离不开的东西有两件，老公以及高跟鞋。

提升气场，就像武侠小说中一本内外兼修的武林秘籍。有时候是外在不足，有时候是内蕴不够。这需要因人而异，适时而动。

就如同男人可以平时不喝酒，但不能没有应酬；女人可以平日穿球鞋，但家中一定要准备一双亮眼的高跟鞋。前者会让你在某些关键时刻拉近距离，后者会让你在人生的重大时刻更加抢眼。

三、做事很主动，感情很被动

【爱情里总是输家多一点】

如果说理智型的人有一个致命弱点的话，那就是他们的情商。这就像著名的木桶理论，一个桶可以装多少水，不是取决于它最长的一块木板，而是取决于它最短的那一块。

木桶理论对理智型的人也同样受用，理智型的天赋异禀是无可争议的，但在情感上的被动经营，常常让他们输得一败涂地。尤其是在爱情的世界里，理智型的人的顽固好比一头固执奔跑的牛，不听人劝，任凭别人几条绳子都拉不回来。也正因此，理智型的人常常陷入爱情陷阱，不能自拔。他们往往深陷在恋人编织的谎言里作茧自缚，却始终怀着侥幸心理为对方寻找各种荒唐的理由和借口，而且对这份情感还抱有幻想。

有人说，爱情是滋润俗世男女的良药，是人生的主题歌。也有人说，爱情是潘多拉盒子中跑出的诅咒，原本单纯的爱情在背叛、欺骗下变得复杂。简单来说，一份简简单单的感情可以让人沉浸在幸福中，更加努力地去工作、生活。反之，则会在遭受玩弄、欺骗等手段之后，对爱情产生畏惧感。即使以后遇到心仪的人，也只敢远远观看驻足而立，因怕受伤而裹起火热的心。

也许有人会认为这是一种爱情方式，因为女人常被比喻为花，真正的赏花者也就是俗称的君子，"只敢远观，不敢亵玩"。但在现实生活中，当你选择远远观看时，一天，一个月，三个月，六个月，一年……你会发现，你朝思暮想的姑娘身边出现了护花使者，他牵过她的手，手指抚过她的秀发，将她拥在怀里，而她的表情如此幸福。

上面的一幕，理智型的人可能会深有体会，因为他们的感情方式十分被动，即使心中喜欢也不会去说，却希望对方懂他们的心思。这常常让理智型的人陷入单恋、暗恋等状态，当他们在自己的世界里爱得死去活来，为对方的所作所为悲喜交加时，对方却并不知道他们喜欢自己。

这正是理智型的人自身内心的魄力不足所导致，因为在潜意识里他们对自身缺乏信心，认为自己并没有足够的魅力来追求对方，这也是由他们被动的逻辑思维造成的错觉。

【我被动且优柔寡断】

青的家庭条件很不错，爷爷是地方学校的校长，父亲是地方公安局的局长，可以说他从小衣食无忧，上最好的学校，手里总是摆弄着最新潮的电子玩具。他长得高高大大、浓眉大眼的，很精神。但是大家想不到的是，他的情感道路是坎坷的，甚至是崎岖的。

他曾经很喜欢一个女孩，他们是初中同学，这是他的初恋。女孩长得没多么出众，是很乖巧的那种。初中时他曾经写纸条对女孩表白过，女孩回绝了，理由是"我还太小"。他并不死心，说："那我等你长大。"女孩没有回，只是无奈地笑了。

时间匆匆而过，一年过去了，女孩和青上了不同的高中，青时常逃课去女孩的学校，只为远远地看心爱的人一眼。每次都是心潮澎湃地看着女孩越发青春靓丽，等待着青青的苹果微微泛红。

这样过了两年多，他盼着高考结束，二人都可以放松绷紧的神经，享受感情。圣诞节那天，他又偷偷去看女孩了，同时看到一个男孩在女孩的身边，两人的关系显而易见。那个男孩青也认识，是他的初中同学。青咂了咂舌，含着眼泪离开了。晚上他给女孩打了电话，问起当初的事情，女孩说遇到了那个男孩，她觉得她长大了。青说："那我等你俩分手。"便挂断了电话。

从那以后，青便成为女孩和她男友之间的和事老，一边倾听女孩对男孩的喜怒哀乐，一边抚慰自己心中的苦涩。这期间，青也遇到过追求他的姑娘，不过他总是心不在焉。毕竟每个人的耐心都是有限的，姑娘在了解了情况后迅速撤离。

不过半年，女孩和男孩分手了，青终于走到了女孩的身边。当我们正为青媳妇熬成婆的爱情而高兴时，青却淡淡地说："我们已经分手了。"女孩的话还依稀回荡在他的耳边："对不起，很谢谢你陪我这五年，但你真的不是我喜欢的类型。"这便是他苦等五年最终换来的结局。

在遭遇这次情感重大打击后，青离开了我们的视线，一个人去了北京。两年后回来时，他身边是比当初的女孩漂亮n倍的女朋友，两个人感情很好。现在的青，变化特别大，穿衣打扮很光鲜，很喜欢尝试亮色以及正装。

同学问青为何有如此大的改变时，他说："当时我真的觉得自己很失败，等了五年却最终等回这个结果，我觉得我没脸面见我的家人和朋友。我想到了自杀，甚至很多极端的事情，我觉得人生没有什么意义了。"说起以前他声音有点低沉。

"我想，我该一个人出去走走，便去了北京。到北京之后，我发现自己像个土包子，尤其是在工作约见客户时，虽然我穿得并不差但成功率与同事相距甚远。经过我的老板开解，我才注意到谈吐、外在的重要性。"

"我的老板对我说，你现在像一个打工仔，没有人会看得起你，但如果你想变成像他们一样的话，那就先从脱掉你这身旧衣服开始。正是这份销售工作，让我脱胎换骨，让我不再拘谨，让我不再做事被动，性格上的优柔寡断也逐渐不见了。"如今，青回到家乡开起了自己的门店，是我们这群朋友中第一个买车的，他的人生正在逐渐迈上成功之路。

【气场修炼方略】

不要小看换一个城市、换一份工作、换一个心情、敢于改变自己这些决策的作用，这往往可以使一个人脱胎换骨。曾经被动屈从到近乎"弱智"的青，变成如今平步青云正在奋斗中的老板，前前后后只用了不到两年时间。

他究竟做了什么，会有如此的改变？其实他只是下定决心改变自己，带着几百元钱去了北京，最初的动机是逃避世俗，想一个人散散心。在有发展也有泪水的北京，青开始真正地审视自己、反思自己、批判自己，就像武侠小说里常有的桥段一样，某某深受重伤跑到一隐蔽山洞中运功疗伤，不想在洞中偶遇高人传其绝世武功，从此一发而不可收拾。

提升气场很重要的一部分就是提升自信，有勇气迈向新的生活。你要相信自己可以做到，如果连你自己都不相信自己的话，别人又凭什么会相信你？

当你发现自己如今的人生道路已经无路可走时，你不该绝望地坐在地上，也不应蜷缩在角落企盼第二天就会转运。卸下这一路走来的辎重和获得的荣誉，换上轻装，向另一条路出发吧！

【迷津点拨】

所谓气场修炼，就是内蕴、气质、魅力、自信等的提高。很多时候，人与人之间打动对方的不是情侣间相互送的礼物有多么贵重，也不是你的学历、你的工作有多么优秀，而是你对她说的某一句话，你的某一个真情的眼神。你疲惫倦怠的眼神都会打动倾慕者，让对方心甘情愿地爱上你。

菲尔博士曾说过："气场是让别人主动过来找你，而不是你主动去搭讪。"不过这显然还不适合气场较弱的理智型的人，他们需要的是强化气场。

打开自己的衣柜，有多少衣服是抱着随意的态度买的，今年的流行趋势是什么？你是否有混搭的品位？你有没有一身很有范儿的衣服？你该尝试换个新发型了吧？

理智型的人并不缺乏内蕴，但相对缺乏外在的包装以及信心，其实他们也可以成为别人眼中的焦点，而不是冷眼的旁观者。

四、交友有风险，选择须谨慎

【男人哭吧、哭吧，不是罪】

每次听刘德华唱起这首歌时，笔者始终认为这不是一首为爱情而写的歌，而是一首关于朋友的歌。许多情况就是，当你被朋友欺骗、被伙伴蒙蔽后，音响里响起刘德华经典的中低音"男人哭吧、哭吧，不是罪"。伴随着你遭遇的经历，你的眼泪缓缓流下。有时候眼泪不光只为爱情而流，也可以是为了友情。

是的，又被骗了吧？说真的，这并不意外。因为淡漠的理智型的人，通常会交一些有所图的"酒肉朋友"。请先别急着反驳，容我娓娓道来。

首先因为理智型的人为人被动，交友并非是他们选择，而是被动选择。简单的比方就是，他们看好一个人，但不会主动与其交流，而是选择等待，所以因此错失机会的可能性为50%。所以说后发制人的理智型的人可能结交了对方，也可能错过。而另外的50%，则是对方主动出击来结交他们，而主动出击必有所图。

一种是看上这个人，觉得他是可交的。一种是看上他的财，觉得他是可骗的。理智型的人还有一硬伤就是容易轻信别人，不懂得拒绝。对于渴望交流、需要他人认同的理智型的人，在择友方面姿态会放得相对较低，所以他们的朋友难免鱼龙混杂。

因此，他们被骗是在所难免的，因为他们注重的是有人陪，而对方注重的是他们的荷包和经济实力。最简单扼要的举例就是，两人玩抽扑克，相互抽对方的牌。聪明的类型会将自己手中的烂牌弃掉，换你手中的好牌，而理智型的人往往到最后是手里一把烂牌。

可能理智型人会认为我说得太过功利，但身为俗人的我们又有多少人能做到出淤泥而不染呢？有一条人生道理是："看一个男人的身价，要看他的对手。看一个男人的底牌，要看他的朋友。"

假如理智型人的朋友都是一群游离于社会的待业青年，那么他们自身也不会能耐到哪里去。所以，当理智型人的身边是一群狐朋狗友每日只知道找他们吃吃喝喝时，他们想不被腐化都难。反之，当他们的朋友无论是穷二代还是富二代，都在为明天拼搏时，当朋友们的月薪在翻倍时，他们会深刻感受到压力以及动力。

容忍是一个中性词汇，不过这也是理智型人的特点之一。遇事时能忍说明此人大气，能成事，但对酒肉朋友的容忍，则是一种心软。很多时候，理智型人很念旧情，会动恻隐之心，明明知道对方在做错的事情，却还是愿意倾囊相赠，结果可想而知。

最终他们在人财两失、欲哭无泪之后才大彻大悟，其实他们早已听闻过对方的人品卑劣却还抱有侥幸心理。实在是两个字："活该！"

【我分不清谁值得交，谁不值得】

一位公司白领在公司里混得不尽如人意，他十分热爱这份工作。但是团队中大家的能力参差不齐，实际来说分为两个派系，一派是得过且过型，一派是十分强势型，两者各有优缺点。也许此刻读者会说，这很简单啊，融入到好的一派，别混日子就可以了。

这位白领的问题也恰恰在此。强势派对他并不待见，因为他的学历相对较低，能力也并不强。而享乐派对他不错，大家每天嘻嘻哈哈，三五不时出去聚餐找乐，他刚来时正是这个团体接纳了他。

他的内心十分矛盾，想靠近强硬派，又怕得罪享乐派，他就像夹在墙缝间摇摆的小草，一旦立场不对便里外不是人。

他将内心的苦恼长篇大论地写成邮件发给菲尔博士，一个星期后菲尔博士给予了答复。答案很简单："抛去杂念，努力工作。"

白领看过答案后有些恼怒，毕竟自己写了几千字的疑问，回答却仅仅是这八个字。他觉得菲尔博士对自己缺乏重视，并不像别人传言的那么乐于助人。

不过他冷静下来之后，转念一想不如这样去做，如果不见效果的话，那么自己便可以反击这位大名鼎鼎的气场专家了。

他为自己的想法而沾沾自喜，打定主意后便开始用心对待每天的工作，有时候工作没做完还会自行加班，将任务全部做完后才回家休息。因此，他错过了几次享乐派的聚会。享乐派的同事言语上有些微词，问他："这么努力干吗？老板又不给加班费。"白领觉得对方简直莫名其妙，内心对享乐派的看法发生变化。

反观强硬派，有位同事在某次白领加班时回公司拿文件，看到白领一个人正聚精会神地忙工作丝毫没发现自己。那位同事为他主动倒了一杯咖啡，并跟他寒暄了十多分钟，白领发现对方看自己的眼神有了微妙的变化。

白领享受着这不断微妙的变化，就像菲尔博士给的答案一样，抛去那些是非杂念，努力做好自己的工作。三个月后，他已经与享乐派彻底划清界限，他们也不再邀请他去参加聚会了。因为他已经被邀请到对面的办公区——强硬派的领域。偶尔强硬派也会聚会，但聊得更多的是他感兴趣的方面，比如经济、创业以及金融等方面。

白领有一种找到集体的归属感，这才是他的世界，他想要的世界。"对，就是这样，这才是我擅长发挥的地方。"他默默告诉自己要更加努力，另一方面他也十分感谢菲尔博士，写了一封很长的电子邮件来告诉博士这不断微妙的变化以及衷心的感谢。

【气场修炼方略】

气场修炼，并不仅仅是自身修炼，同样的也让人学会观察别人的气场。一个最简单的例子就是，一名月薪过万的男人与一名月薪1500的男人，两人气场就很难相提并论，前者在做人以及为人处世方面会更加自信，而后者在出门办事时会显得退缩且逃避。哪怕是走路的姿势这一细节，两者都是不同的。在重要时刻交谈时，前者声音沉稳浑厚、镇定自若，而后者则会出现声音不自觉地升高、手心出汗、紧张等状况。

这诸多的细节说明前者气场强大、后者气场弱小，两人的信心也无法同日而语。对于交友也是如此，多与气场强的朋友交朋友，你会发现自身的眼界以及内心也在不自觉地变化，有时候朋友给你提出足以改变你命运的观点，这便是值得你交往一生的真朋友。

而有的人气场是弱小的，在经济能力不强、家庭能力不够、自身能力又不行的时候，便容易陷入自卑的情绪。当你时常与这种人交朋友时，自身也会沾染这种情绪，当你有什么新奇的创意还未实现时，自身便先将其扼杀于思想的摇篮里。

前文白领遭遇的事情在现实中很常见，也是十分典型的职场案例。菲尔博士给出的"努力工作"这个建议看似十分平淡，但是很多人并未做到。白领成功地改变了自己摇摆不定的气场，是从弱到强的一个转变。对工作的认真努力，对自己的辛勤付出所带来的信心，让他的气场从享乐派的弱势变成了强硬派的强大。

人是一种很奇怪的动物，当自己做成功了一件事情时，便会增加对自己的信心；相反总是做不到、失败，便会越发地不认同自己，看轻自己。

【迷津点拨】

"道不同，不相为谋。"其实理智型人大可不必为过往的云烟所感怀，真正的友情是即使十年未见，依然可以一见如故，因为君子之交淡如水。

每个人从出生便是一个人来，所以最终也是一个人走。朋友是路途中邂逅的伙伴，可以陪你走过人生中的一段路途，但不会陪伴你走过一世，所以始终都是一个人出发，向前走。

每个人都有权利去追逐自己的天空，因为天高任鸟飞。真朋友是推波助澜帮你成就梦想的基石，反之则是你人生的绊脚石。

中国有句古话叫："人以类聚，物以群分。"假如你的底牌（朋友）都不够优秀的话，那么你的牌技也一定很烂。

五、喜欢逃避、怕麻烦的家伙

【穿衣打扮不能怕麻烦】

前世界首富比尔·盖茨最不愿意让人看到的一部电影，一定是《硅谷传奇》。其中事无巨细地回顾了他与苹果之父史蒂夫·乔布斯当初如何起家、如何创业、如何变成对手、如何击败对方的历程。

看过此片的读者可能会对年轻时比尔·盖茨的着装印象深刻，他正是理智型的通病，不拘小节、穿着打扮总是给人以平庸感。其中对比反差最大的地方就是，当两者的产品共同上市时，乔布斯穿得很艺术很有老板范儿，反观比尔·盖茨，在另一个摊位却像一个打工仔。

当乔布斯充满魅力地介绍自己的苹果一代个人电脑时，周围的人络绎不绝，而年轻的盖茨只能落寞地站在角落羡慕地看着对方口若悬河。

不出所料，苹果在强势崛起时，比尔·盖茨正如同他的穿着打扮般平庸无奇，毫无闪光点可言。那时候的乔布斯像个大企业家，带着这个尚未开窍的小弟纵横美国。当时苹果与微软合作的关系可以算是雇佣关系，苹果是老板，微软是员工，直到后来微软蜕变之后，两者才算是真正的合作。

天蝎座的比尔·盖茨是一个典型的理智型人，有创造力但行动力差，看看今天的微软就一目了然。微软始终推出的是不断更新的系统程序，简单来说就是程序或者创意，而不是产品。

当一名程序员为一家公司工作时，他是一名IT工程师。当一名程序员召集几千名程序员为全世界而工作时，他就是比尔·盖茨。

比尔·盖茨在逐渐走向成功之后，与当初一个很显著的差别便是，他的穿衣渐渐得体，为人虽然依然沉稳，但内敛中显露霸气。言行依然缄默，不再拖沓，但是并不总能直击要害。

理智型的人看到这里一定会摇头："哎哟，可不可以别这么麻烦呢？""唉，最讨厌花时间浪费在穿着上了。"可当这已经不再是一个简单的着装问题时，甚至在一个场合的机缘下它可以改变你的人生时，你就应该足够重视了。

我们都知道，理智型人的内在一定是很丰富很有内蕴的，但反之，看不到外在谁会有心思看内在呢？古语道："金玉其外，败絮其中。"虽然这是一个贬义的成语，不过内在坏掉，但外表依然耀眼，还是会遭受众人追捧的。

同样，古代还有一个相对应的范例便是和氏璧，和氏璧是长在石头里面的美玉，被后世誉为无价之宝。不过当时献玉时还未抛光，被宫里不识宝玉的玉工定义为石头，卞和被以欺君之罪砍下左脚。厉王死后，他再次进献又被砍下右脚，最终即位的文王被卞和的忠贞所打动，剖开璞玉得一稀世之玉，以此取名和氏璧。

生活中也是如此，常见那种胸无胆识只会阿谀奉承之人却能在社会上呼风唤雨，这就是人际关系以及外在包装的好处。

成功人士多会自我审视、自我批判、自我调节，假如天资卓越的比尔·盖茨都会正视自己身上的不足并开始改变，那么同为理智型的人又为何总是选择忽视呢？

【我的朋友忽然全部离开我】

杰克是菲尔博士多年前的老邻居，忽有一日登门造访已经功成名就的菲尔博士。坦白说，他以前很反感菲尔博士，因为他觉得菲尔就像一个"交际花"，无论穿着还是做人都显得虚伪至极，总是可以讨得街坊邻居的喜欢，与他交往就像庶民与贵族交流，这感觉令他厌恶至极。

不过最近他出现了重大问题，昔日与他称兄道弟的朋友们就像商量好了似的统一远离了他。平时每月组织的烤肉活动，不再邀请他参加。等他去酒吧时，往日热情的朋友也将他排挤在外，委婉地拒绝他入席。

这令杰克十分苦恼，他搞不懂原因是什么，但倔犟的老杰克又不愿放下颜面去问他的朋友们。最终无计可施的杰克在电视上看到了菲尔博士意气风发的演讲，这使他灵机一动，开车前来拜访。

菲尔博士听老杰克耐心地讲了很多事情，从"年轻时，我们多好多好，我是怎么帮助××的"一直到"我真的难以想象，他们为何如此薄情寡义"。不过这些听起来大多是抱怨，菲尔博士耐心地听了一个钟头，屁股有点坐不住了，他决定主动出击。

"杰克，平日你就是穿这身老军服吗？"菲尔博士忽然岔开话题，老杰克愣了一下，答："是啊。""也就是说，你一直都没改变过，一直穿着这墨绿色的服装？""喂，这可是我退伍留下的，这是我的荣誉。""可是，你该脱下它了，亲爱的老兵杰克。"

菲尔博士一语中的并且开始解释原因。老杰克听后嗤之以鼻，认为衣服怎么可以影响这群朋友对自己的感情呢，这简直是天大的笑话。菲尔了解这位老邻居，知道对方有多么固执，灵机一动与他打赌。

他让老杰克拿出100美元，带他去商场买了一套像样的衣服和一双锃亮的皮鞋，剃掉胡子，换了一个发型。菲尔博士承诺："一直穿着它，假如一个月内，他们还不理你的话，我愿意还你double。"老杰克这才同意脱下他的军装接受改变。

一个月很快就过去了，老杰克来了并带了礼物，他神采飞扬地告诉菲尔博士，这一个月在镇里他是如何享受优待，人们似乎都很喜欢与他聊天，而他自己也发现原来自己还很幽默。

"嘿，菲尔，你真的想象不到这一个月我有多么受欢迎，在哪里似乎我都是主角，就像小镇里的明星一样。"

"我真的很感谢你，菲尔博士，很抱歉我对你一直抱有成见。可是，可不可以告诉我原因？"老杰克十分诚恳地问道。

"简单来说，人们都喜欢给人带来积极气场的人，比如现在的你浑身充满活力。而想想之前的你，一成不变，保守消极，喋喋不休地抱怨，十足是一个失败者的角色。"

"你的军大衣是你过往的荣誉，但现在却变成了你生活的包袱。总是沉浸在旧时代里，这只能说明一点，那就是你现在生活得不如意。"

老杰克缄默地点了点头，开始走向新生活。

【气场修炼方略】

"人靠衣装马靠鞍""佛靠金装，人靠衣装"，这些谚语已经充分表明穿着打扮对于我们是多么重要。无论是古代的贵妃还是现代的明星，那华丽的装饰都为她们增色不少。

假如说，那些贵妃、明星褪去华丽化身为庶民装扮，最多不过算是美人坯子。这也从侧面说明，一个人可以站到多高才会散发出多么强大的气场，但同时穿着打扮也会为其带来气势。翻翻自己的衣柜，看看已经多久没买衣服了，去shopping吧，亲爱的理智型。

如同古代皇帝的龙袍，那可是精工细作、无比精良，穿者即使是庶民也会散发出经天纬地的气势，这便是外在的优势。

我们时常说眼睛是心灵的窗户，强者犀利的眼神，周身散发出来的气场，便可让别人心甘情愿地俯首称臣。

在了解他人气场时，可以多注意对方的眼神。如果一个人与他人聊天总是不看对方的眼睛，他多半是个自卑或自私的人。如果对方的眼神很温和，那么对方多半是气场强大的，才可以做到心中波澜不惊。

从一个人的穿衣打扮就可以看出他的品位如何，气场强的人穿什么都能穿出属于自己的味道，而气场弱的人即使穿一身阿玛尼也像是卖保险的业务员。

【迷津点拨】

当我们翻看众多名人画像时，都可在他们的眼神中找到一些特质。有儒雅，有温和，有霸气，也有执著，诸如有狼一样的坚韧，也有鹰一样的锐利。

而这正是理智型人缺乏的，即让别人读懂你的世界，不要试图去逃避、胆怯。理智型人是怕麻烦的家伙，一定要改一改这个与生俱来的毛病，勇于挑战，勇于接受，而不是一遇到事情就缩成一团。

刺猬是坚韧的，它可以依靠身体自身的刺生存在这残酷的自然界。但刺猬也是胆怯的，它遇到危机时不敢面对，只好怯懦地躲在自己的披甲里。

六、摘下学者标签，学会变通和实践

【学术上的强者，生活中的弱者】

最准确表达理智型内心的一句话就是："如果没有知识，别人就不会关注我。"是的，理智型的人十分需要知识来填补他们内心的自卑感，他们无时无刻不希望自己比别人懂得多，这样内心才不会紧张，才会有那种控制全局的优越感。

这种危机感会让他们不自觉间看很多的书，而且不知疲惫。在不断的学习中，他们的学术能力会变得十分强势，成为某一专业甚至行业的翘楚，但其实这是一种"亚健康"。因为可能除了这一领域外，他们在其他领域和生活中都很弱。这就像一个人，如果只有发达的大脑没有健硕的四肢支撑的话，那么他是不完美的。

【你要肯定自己，别人才会认同你】

前面提到的青就是一个典型的理智型人，虽然他的学历不高，不过书香门第的家庭出身，自然使他有学者范儿，是一个很深沉的人。

不过当初他也十分苦恼，不仅仅因为感情的失败，还有生活上的。他从小饭来张口，衣来伸手，某日却忽然发现自己连袜子都洗不干净，那是一种很沉重的挫败感。

这让他有了去外地闯闯的想法，同时他也希望可以解开家庭的束缚与溺爱，虽然这么说有少许的讽刺。

　　青来到陌生的城市，对一切都十分好奇，充满新鲜感。他拿着两元一张的北京地图去坐地铁，散漫地边走边看。听着身后传来的匆忙的脚步声，看着人们拼命地挤向地铁，青十分不理解。

　　在异乡的生活是自由的，因为无拘无束，但同时异乡的生活也是艰苦的，没有了家人的照顾，事事都要亲办，一切都要自己规划。

　　也正是这段时间，青开始真正地审视自己：自己的优势是什么，自己的劣势是什么，自己的优缺点，自己适合做什么工作，自己真正热爱什么，自己的天赋在哪。

　　这些看似简单的问题，很多人可能一辈子都没想通，或者根本没认真想过。就如同哲学看似与生活离得很远，不过哲学也建立在生活之上。

　　有时候人遇到很多事时，需要自己想通，任凭别人说多少都无济于事。这也是"旁观者清，当局者迷"的原因。在陷入困境时，等待援助的人往往深陷泥沼最终不可自拔，不如选择自我救赎。

　　青将自己逼得无路可退，他想做出改变，所以能做的就是绝处逢生。他积极地投递简历，找到了人生中的第一份工作。每天起早贪黑，再也不是当初那个娇生惯养的纨绔子弟。在每天的努力中，他感受着每天汗流浃背的那份充实，心中对自己能力的那份怀疑渐渐被打消，取而代之的是内心对自己的肯定，对自己充满信心。

　　所谓付出多少辛苦，换得多少回报。一年后青便被老板破格提拔到主管的位置上，负责整个部门的运营。要知道上一任主管可是名牌大学毕业，而青只有高中学历，不过最终他还是凭借着实力打动了刻薄的老板。

　　在人生的路途中，可能绝大多数的人都不会相信你、认同你，甚至会瞧不起你。这在当代社会是一件很普遍的事。问题的核心点是："凭什么让别人瞧得起你？"所以首先你要自己认同你自己，通过不断的努力让别人改变他们的观点，最终肯定你。假如连你自己都放弃，那么没有人会认同你。

【气场修炼方略】

菲尔博士一次去大学参加活动，他是一位很有风度的绅士，不过并不意味着会一直从开始坐到结束。他借故去洗手间放松一下，他听到卫生间里有人轻声朗读，他一时觉得好奇，便停在门口。

不一会卫生间里走出来一位男同学，嘴里依然在不断地念叨着，他看到菲尔博士后很诧异。博士看得出他有些紧张，因为他的腿在微微发颤，双手不停地搓着。博士就这样浅笑地看着这个嘴巴不断开合的年轻人，男学生被博士的泰然自若所打动。

"菲尔博士，可不可以告诉我怎么克服这种情况？你看得出来，我现在紧张死了。"年轻人用紧张的声调对博士说道。"小伙子，可不可以告诉我你紧张的原因呢？""你看到了，这次演讲比赛十分重要，他们发挥得如此出色，我就有些坐不住了，没想到现在情况更糟了。"年轻人懊恼道。"亲爱的，他们发挥得好，让你承受了更大的压力是吗？""是的，博士，我该怎么办？"男孩恳求道。

菲尔博士挠挠头，对他说："嗯，这是个难题，让我想想。"博士在对方期待的目光下，最终却摇了摇头说道："对不起，亲爱的，我想不到任何帮助你的办法。"然后耸了耸肩，示意无能为力。

年轻人眼中刚刚散发的光芒随即消失，抱怨道："Shit，我就知道是这样，没有人肯帮助我。"博士反问道："为什么你总是期待别人的帮助呢？"年轻人似乎没好脸色地直言道："因为我不行。"博士冷笑道："呵呵，如果连你都不认同自己，没人会肯定你。"年轻人十分愤怒地对博士吼道："我凭什么行？"博士用鹰一般犀利的眼神认真地看着他，问道："那么亲爱的请告诉我，你又凭什么不行？"

一时间年轻人无言以对，哑口无言地愣在那里许久，最后不住地点头，抬起头看着博士说道："博士，谢谢你，我懂了。"大学生告谢过后便走回会场。

当菲尔博士回到会场不一会儿，刚刚偶遇的年轻人便登上了演讲台。他与之前的演讲者不同，上台的第一件事就是将自己的演讲稿撕掉，完全凭借他幽默的语言以及即兴发挥做激情演讲。

最后他提到："刚刚我还像个怯懦的小鸡一样，被吓得要死，不过此刻站在你们面前的却是一头雄狮。"一时间全场掌声雷动，可能大家此刻已经不在乎他的演讲稿是什么、主题是什么、专业是什么，而是单单为这一份强大的自信而送上掌声。

【迷津点拨】

读完上面的故事你一定热血沸腾吧？是的，这一次演讲那个年轻人可能不会获奖，不会获得主办方的认同，不过又有什么关系？人们茶余饭后的话题会围绕他，甚至追捧他、崇拜他，而这些是第一名得奖者享受不到的。

形成这种独特的人格魅力便是修炼气场的核心原因，让每个人都积极地面对人生，让每个人都拥有独特的气场，有一份打不倒的自信。

刚刚见到菲尔博士时，那个年轻人的气场十分弱小，就像我们很多人一样，气场渺小到看不到。但在菲尔博士有意识的刺激下，他最终爆发出无限的能力与力量，简直像一个BUG。

那一刹，他就是舞台的主角，他就是这次活动的明星，他就是周身散发光环、气场强烈的主宰者，他就是当天最娇艳的红花，其他人都沦为绿叶。

人生就是要在某些时刻骄傲地绽放，难道不是这样吗？

第六章　忠诚型气场修为

忠诚型的人可谓劳苦功高。如果创业派的代表人物是刘备，那么忠诚型的代表人物就是关羽，创业派遇到忠诚型可谓是如虎添翼，因为忠诚型做事专注且尽心尽力，谨慎且讲究规则，是领导眼中左膀右臂的不二人选。

不过也因为忠诚型人过于老实、墨守成规、胆小心细、传统而惧怕改变等，让他们在公司中变成了守旧的顽固派。他们的心理活动很容易影响行动，若是得不到肯定和支持，内心就开始摇摆。他们处处留意观察和提防身边的人，经常因为疑惑而感到焦虑，即使内心深处希望与身边的人坦诚、公平地相处，可是不自觉中就会用怀疑的眼光去审视各种关系和利弊。他们对事情的思考是全方位的，且总爱把事情复杂化，然后将自己陷入一团乱麻中不能自拔。他们总是很矛盾，这成为阻碍他们大胆前进的重要因素，往往在一进一退中耗尽大量的力气。

所以，忠诚型人的气场往往是弱小而缺乏吸引力的，在气场修炼的过程中，要特别注意提升自信，培养坦然的心境，并拥有一定的野心，让人感受到自己的重要性。

一、提高说话时的底气。影响别人的语言武器，不在于到底说了什么，而在于怎么说的。

1. 练习深呼吸，以此培养自己深而有规律的呼吸节奏。最有底气的呼吸模式是深而有规律的。

2．说话速度放慢，而且力度够大。

二、摆脱焦虑和不安，并学会和它相处。

1．转移注意力。

2．闭上眼睛去幻想一些恬静美好的景物。

3．做一些与自己所焦虑的事情无关但是自己喜爱的活动，例如游泳、听音乐。

三、建立心灵屏障。想象自己钻进一个透明的保护泡泡里，把一切负面的、悲伤的情绪都挡在外面。保护泡泡看不见、摸不着，但要确信它真的存在，它能保护你的心灵不受伤害。

四、学会通过现实来检验自己的畏惧感。检查所有的事实，把内心的害怕告诉一个值得信任的朋友，看看对方的反应，用事实结果来检验自己的思维判断。

五、利用自己的想象力，去想象和表达正面的结果。如果注意力总是集中在糟糕的结果上，那就通过想象力把负面的结果夸大，让自己发现原来现实还不是最糟的。

六、晒太阳和做运动都可以增强气场。新鲜的空气对激发气场尤其有好处。

很多成功人士都有一个共同的结论：自信的人总是能够吸引人的眼球，不管他走到哪里，不管他目前的境况如何。上面的各种方法和技巧都是有助于忠诚型人格的人培养自己的自信的，只要通过不懈的努力就一定能够获得提高。从此，就不再会被别人所忽视，也不再需要别人提供前进的方向。自信和野心能带给自己方向感和超强的执行力。

一、安全感源于信任

【安全感是一瓶越喝越渴的饮料】

网络盛传一时的一句话："信任是种美德，但怀疑让人懂得更多。"细心揣摩，这是一句十分耐人寻味、十分有哲理的名言。但假如逆向思维去看待时，不难看出当代人缺乏安全感。在这个时代安全感是每个人都会缺乏的，因为这个世界变化太快。无论是人与人的友情、爱情，还是我们最为信任的亲情，甚或同事之间的尔虞我诈、朋友的反目、对工作对事业对人生方向的迷茫与不确定，都让身处这个时代的我们普遍缺乏安全感。

可是，安全感就像一瓶越喝越渴的饮料，让人们在短暂解渴之后，要花更多的精神"钞票"去购买，更多的迫切需求来解决不断舔舐下越发干燥的嘴唇，以及那嘶哑疼痛的喉咙。

唯一的解决方式是试着去相信别人，否则世界上任何的药物都无法治愈这个心中的顽疾。简单来说，缺乏安全感是因为自身缺乏对自己以及他人的信任，内心不够强大而导致的。

【我时常会怀疑别人是否在乎我】

"我时常怀疑别人是否会在乎我、需要我。""我总是有一种对他人不确定的感觉。""我怕失去他，我该怎么办？""我期望别人多在乎我一点。""为什么别人不喜欢回应我？"这是人们经常听到的忠诚型朋友的抱怨，简单来讲忠诚型是一个乐于付出的类型，他们会为朋友、爱人、家人付出超出常人的努力。

忠诚型是一个非常需要别人认同的类型，他们平日乐善好施，喜欢帮助别人，在生活中是十分热心、热情的人。也许大家会认为这么"雷锋"的好人形象，那他们一定是对生活乐观的人。其实就像现实和梦想往往是反的一样，忠诚型的人一般是悲观的人。

可能大家十分不解，为什么呢？因为真正乐观的人通常都十分注重自我，更加看重的是自己的生活，为自己而活。而有悲观思想的人，惯于为家人而活、为爱人而活、为朋友而活，并希望自己的付出得到回应，希望朋友、爱人、家人需要自己，这是一种通过他人对自己的认同。

也正是因为具有这种逻辑思维方式，忠诚型是侠肝义胆的关羽，是生活中那种"你可以不仁，而我不会不义"的英雄人物。不过他们也有他们的烦恼，听到最多的是他们常常觉得别人变了，其实这是付出得不到回应后的抑郁。

事实上，这不是大家变不变的问题，连世界都在变，每一天都在变，为什么又要执意要求别人待在同一原点呢？所以，这是忠诚型人遭到诟病的最大原因之一，因为他们始终希望世界公平、合理。我对你付出多少，也同样希望你回报多少。

这种等价交换方式，虽然在表面上并不明显，但在很多事情上其实可以看得出来。他对你会很好，同样也希望你的回应。

其实这是一种自信心缺乏的表现。当世界都在变的时候，你能做的是顺应社会，适时而变通。年轻时男孩谈论最多的是游戏和娱乐，而女孩谈论最多的是明星、帅哥。但长大以后，男人谈论的是车以及事业，而女人谈论的是家庭和婚姻。假如你还像个孩子一般永远长不大，还沉溺于当初的兴趣中，这自然就与他人显得格格不入了。

毕竟我们都在长大，如果说人生是一条路的话，大家都在向前走着，而你总是在原地踏步。那就别怪别人抛弃你、远离你，因为是你不肯向前。

【气场修炼方略】

古语讲："害人之心不可有，防人之心不可无。"每个人都会在内心深处设置一道自己的底线，也就是说每个人都会有一杆秤来衡量别人，简单来说就是每个人都会怀疑别人。

假如说你是公司老板，你的员工这个月的采购款忽然翻了一倍，你怀疑其中有诈自然无可厚非，但问题是这个事情是什么事情、是否值得我们怀疑。

古语又讲："用人不疑，疑人不用。"当你对他了解，选择重用他、愿意重用他之后，那就去全身心地相信他吧，因为你别无选择。

一名老板的最基础资本可能大家第一反应是资金，但其实我觉得应该是识人之才，也就是俗话说的"眼光"。一位眼光独到的老板可以从茫茫人海中挑出可塑之才，培养他、给予他一个发挥的位置，对方定会感激不尽。因为人人需要认同感，老板的信任会让员工更加努力、更加自信，而后有了忠诚的信仰。这种直接的影响力，自然会让老板的气场增强，让他在别人眼中的形象会更加伟岸。

【迷津点拨】

有时候安全感像一杯越喝越渴的饮料，而信任则是一杯平淡无奇的白水，但是为了身体、心理健康，还是多喝点白水吧！

怀疑确实让人懂得更多，但不一定会让人活得更好。所以，信任是一种好习惯。有时候很多事就像一层窗户纸，捅破基本会看到两种情况：一种是你看到了所谓的真相，一种是一切如常。对于前者来说，你就像电影《泰坦尼克号》里的船长，可以通过线索掌握事情的过程，但无法预料最后的结果，最终你自信掌控的舵轮撞上了冰山。后者则更为惨烈，你辛辛苦苦忙活一场，最后却没能"证据确凿"，反倒是你的误解。这时你以为一句"对不起"对方就会原谅你吗？

这就像你手里攥着的一把沙子，有时候沙子并不想跑，是你害怕失去，将它攥得越来越紧，攥到它疼了，待到再也无法忍受，它便想跑了。

二、犹豫、忧虑是你的致命伤

【乐观与悲观是一对孪生兄弟】

忠诚型的人大多会有些优柔寡断，如果要说具体原因，应该是太看重"情"了。他们可能一生都为情所奔波，无论是亲情、友情，还是在职场之中的感情，都会深深地影响他们的人生走势。

同样是面对一份待遇相对不高的工作，理智型、权威型以及忠诚型的选择都不同。理智型会在接触其他公司后权衡利弊选择跳槽。而权威型会以公司未来发展为前景权衡利弊选择往上爬或跳槽。而忠诚型会因为上司对他好以及同事关系、人情方面的事情来权衡利弊，多数选择留守。

当一个人穷困潦倒一无所有时，乐观的人会以大冒险家的姿态去奋斗，因为"当我一无所有的时候，就是我开始得到的时候，哪怕只是一小块能果腹的面包"。而悲观的人一无所有的时候，会终日抱怨、愤愤不平，虽然理由千奇百怪，但情况都是大同小异。

这并不是将忧虑悲观思想的人打入十八层地狱，永世不得超生。做一件事情时，只有悲观与乐观都参与其中，才会将这件事情做好。因为乐观的人太过于理想化，而悲观的人太过于理性化、顾虑太多。

一份事业也好、一家公司也好，都需要这两种人参与。需要乐观性格的人破釜沉舟去闯，需要悲观性格的人小心谨慎去理，这样才可成事。这就像八卦图中的阴阳两块，像男人和女人一样，是必然的不可分割的。

假如一家公司都是抱有乐观思想的人，那么这家公司很快会倒闭，因为大家都过于理想化，不会居安思危，容易好大喜功。相反，如果一家公司的领导都是忧虑悲观主义者，那么这家公司必然十分保守甚至谨慎，也许这家公司会维持很久，但在日新月异的今天，不懂得革新的集体必然遭到社会的淘汰。所以说，凡事都有利弊。

如果以游戏的角度去讲解，就是："没有最牛的职业，只有最牛的玩家。"

给自己悲观的逻辑思维一点希望，让自己乐观一些，凡事要考虑正反两面。每个人的一生就这几十年，不折腾一次、不留下点什么，不是枉来人世一遭？

【为什么我总是对明天充满忧虑】

李璇在一家公司做助理，她时常对自己的未来担忧，比如加薪、感情问题、工作、公司未来等。她的脑子里时常会想到这些，而后心情低落，致使工作效率不高。

经理对她时常责问，坦白地说他并没有花心思观察这位助理的状况。李璇在公司担当着有些"鸡肋"的职位，就这样被卡在夹缝中，比上不足比下有余。

她的烦恼杂碎且繁密，她经常因为一些小烦恼，弄得自己情绪低落，如此下来已经悄悄走向27岁了。

三年前她大学毕业来到这里，三年后她依然还在此岗位上，没有一点升迁迹象。不过备受打击的是，她每次相亲均以失败告终，不是她看不上对方，就是对方看不上她。在不断的失败中，她感觉自己看不到希望。夸张地说，就是别人眼里充满希望与梦想的天空，在她的眼里也是灰暗的。

最让李璇无法忍受的是公司的一次全员的加薪。经过去年一年公司全员的努力，这家"小萝卜头"成功上市，老板为了鼓舞三军更上一层楼，大幅度涨工资。李璇满心欢喜，但结果却让她十分尴尬。同事工资的涨幅普遍都在1000元到3000元不等，而到她这里却只涨了500元。这样的状况让她感觉自己仿佛被狠狠抽了一嘴巴，她愤怒到想立刻辞职，可是最终还是忍受下来。但是在同事的冷言冷语中她渐渐变成了公司的边缘人物。

【气场修炼方略】

李璇这种人在职场中十分常见，一些公司里总会有一些老人，他们十分忠诚，经常会这样标榜自己："即使没有功劳，也有苦劳。""不求无功，但求无过。"

让我们来听听李璇的经理给予她的评价："她刚进公司时很能干，十分努力。但是后来就安于现状，总是无功无过地在公司里生存。以前的她遇事会积极思考，但现在只会按部就班，毫无见识。"

同事评价："她刚来时我们都挺喜欢她的，不过她有点麻烦，总是会说一些烦心的事情，会想很多。总之就是，她不像我们圈子里面的人，融入不进来。"

而这也是她变成公司"鸡肋"的很大原因，与同事相处不和谐，工作中能力又不强，准确地说是没进取心。

当时她正考虑辞职，犹豫不定的她向我求助。咖啡厅里，穿着深色的职业套装并未使她显出应有的干练，面前的咖啡冷了也没喝，她望着窗外心不在焉地搅拌。"我是心理专家，有什么能帮你的吗？"我问。她长得并不丑，不过整个人给别人一种阴郁的感觉，就像一座冰山将别人的热情全部冻结。

也许实在想让人帮自己排解，她讲了自身的处境。

我问她："你平时去酒吧吗？""不去。""从来都没去过？""是的。""嗯，其实你的问题很简单。""嗯？""以后每个周末去一次酒吧，去一次夜店。""别开玩笑了，我不喜欢那里。""是的，我知道你并不喜欢那些，不过相信我这对你有帮助。"谈话就这样结束。

　　一个礼拜后李璇打来电话，十分气愤地质疑我的初衷是否是取笑她。我岔开话题，给她的建议是："去改变吧，让那些取笑你的男人都傻眼。"一个月后，再次见到李璇时，她的穿着和步伐都有所不同，走路时不时有男性将目光留在她身上。

　　她说她很满意现在的自己，但我告诉她："这其实还不够，你以后每天晚上要做一项训练，每天对着镜子30分钟，在镜子里找到你最迷人的笑容、最满意的自己。"

　　三个月后，李璇打来电话，兴奋地告诉我老板给她加薪了，并且承诺在一年内为她申请福利待遇，让她在这个城市不再为租房而愁。

　　可能读者此刻十分疑惑："为什么一个人在短短的两个月里会前后转变如此之大，而且你的方法是否科学有效呢？"

　　夜店、酒吧都是修炼气场的好地方，在这里你可以看到形形色色的人，花红柳绿的衣服。它们就像练功房，能很直接地测试出你的气场指数、身为女人你是否有魅力、你的穿着是否流行之类的。

　　所以当李璇看着别人被搭讪、被邀请、行情很好时，心中难免会羡慕嫉妒恨，而自己却无人问津更深深地刺激到她仅剩的自尊。

　　古话讲"以毒攻毒"，就是用最直接的方式去刺伤她极力维护的东西。只有放下老观念，才可以得到新思想，才可以涅槃重生。

　　服装的改变毕竟只是外在的，而每天对着镜子进行30分钟的笑容训练，则会让她对自己增强信心。也许你会问这与她后来工作升迁有什么关系呢？其实她最大的原因是对自己缺乏信心，而笑容会给予自己信心。

　　在不断的训练中她充分了解了自己的笑容特点，如何笑会更好看、更优雅、更具有魅力。坦白说，这是一种激发女性荷尔蒙分泌的方式，让女人更加相信自己，认同自己。

　　当李璇在点滴中逐渐认同自己、树立信心后，那么她在工作上的问题还能算问题吗？我们常说："恋爱中的女人最美。"但我更认同："爱自己的女人最美。"

【迷津点拨】

犹豫、忧虑都是一种缺乏自信的表现，所以才会前怕狼后怕虎，顾忌太多。其实一生中我们会走很多弯路，做任何一件事都会有几种选择。打一个最简单的比方，你每天会坐公交车上班，但是今天你起来晚了而且公交车迟迟没来，这时候你考虑坐出租车去公司。而当你刚坐到出租车的副驾驶上，就看到反光镜里一辆公交车转弯缓缓开来。同样的情节，假如你选择等下去，当那辆公交车缓缓开到你面前时，你发现这不是你坐的那一路车。而后你看看手腕上的表，再次伸手招呼 Taxi……

有些事情，是无须犹豫的，无论怎样选择，其实都不会是最好的结果。而你浪费在犹豫上的精力，早够你选择 N 次啦。

当你还在思考做与不做产生的结局时，别人早已坚决地迈出第一步了，所以你总是比别人慢一步，哪怕这是你想出来的好主意。

三、忠诚是你的优势，也是你的劣势

【忠诚并不是一个好词汇】

忠诚历来被大家视为好品质，但同时也并不全值得效仿，你对一个人、一家公司、一份工作十分忠诚时，你便失去了重要性。这在古代的忠臣良将中最为明显，我们经常能在电视剧中看到的桥段便是忠臣泪眼婆娑地对主公说："老臣侍君一生，即使没有功劳亦有苦劳啊！"但往往这时候君主会面无表情，甚至有些人会心狠手辣地痛下杀手。

其实并不是君主冷血，而是在他的眼中，你已经没有利用价值了。所以笔者认为，忠诚并不是一个好词汇，因为当你对他人的重要性只剩下"忠诚"时，也就是说你已经没有别的筹码可言。

在现代职场里，一直被视为优秀品质的忠诚却略带贬义。听听这样的评价："他能力一般，不过很老实，很忠诚。""他能力不错，不过不够忠诚，我该想想办法留住他。"二者相比，大家都一目了然。前者的评价看似褒义，但后者明显让老板更加在乎。

这也从侧面体现出现代社会追逐利益、追求人才的特点。这是因为人类社会始终在进步，几种数据可以很简单地表明。以人类的几个阶段的发展为例，从早期渔猎文明到游牧时代，再发展到农耕文明，而后是工业文明，直到现在的信息化文明。

可能这是一个笼统的概括，但如果以人为本地细分，就可以看到其中的差距。游牧民族的个人收成是渔猎文明的50倍，农耕民族的个人收成是游牧民族的50倍，而工业时代个人收成是农耕民族的50倍，信息时代的如今则是工业时代人均的50倍。

如今的社会，社会精英们（行业精英们）的年收入大概是普通人的50倍，而且趋势越发明显，人与人的生活差距在逐渐拉大。所以，很明显的道理就是，忠诚并不能给一个人带来财富和成功，只会让其变成成功人士背后的影子或者幕僚下的一员而已。

在如此现实的时代，青春就这么几年，当你奉献完之后，又该怎么办？这是一个值得我们深思的问题。

【为什么我如此忠心却还是被炒鱿鱼】

小王抱着自己的纸箱，看着同事们爱怜或幸灾乐祸的表情，默默地走出办公室，心中异常苦涩。他回头望了望这个工作了7年的公司，自己从大学毕业出来将全部青春投入的公司，就这样将他无情地辞退了。

他的耳边还依稀响起经理耐人寻味的话："小王啊，其实你不错，但你也知道公司今年亏损严重，你身为中层也应该体谅一下。我知道你对公司有感情，但这是上面的决定，我也没有决定权留你，不过，你年龄也不小了，正是立业的好年龄。"经理拍拍他的肩膀，对他说："你也别灰心，我祝你成功。"

小王一句话没说，已经走出了经理的办公室，待他再想询问经理时，对方已经将门关了。他就像被打发边疆的囚犯一样，拿着自己的办公用品，迈着沉重的步伐，离开了这个伤心地。

其实小王有点想不通，他本打算今年努力争取再官升一级，怎么就被辞了呢。自己才29岁，正是为公司打拼的好年龄。他独自在家中喝着闷酒，十分抑郁。

从此，小王一蹶不振。他性格老实且倔犟，上来脾气时倔得像头驴子，一头拉磨的驴子，忽然有一天磨没了，他却还在那里为这件事打转，心里就是解不开心结。

本来挺有前途的小伙子，仅仅几天时间就变成了颓废宅男，宅在家里喝闷酒、看电影，胡须也懒得刮，日子过得相当消极颓废。他觉得整个世界都抛弃了他，觉得社会不公平。

前段时间，小王接到以前下属的电话，另一部门他的对手升官了，现在开始负责他原来的部门。小王十分愤怒，鼓起勇气给老板打了电话。毕竟两人还是有一些感情，当初小王大学刚毕业就进入了刚成立不久的公司，说是公司元老也不为过。

老板与小王约在一家饭店，两人聊了很多。看着老板对自己这么热情，小王更加迷惑，"他为什么要开除自己。"

老板拍拍他的肩，说了一段很有哲理的话："你知道千里马和马的区别吗？""不知道。""千里马要跑起来，才能叫千里马。"小王不理解，老板看着他说："你我都是千里马，但你在马棚里待太久了，别人怎么会晓得你是千里马呢？"

这是小王一晚上听到的最深刻的一句话，他渐渐想通了。自己有7年的专业经验，在这个行业里完全可以游刃有余做一些附属产品。半年后即将年满30岁的小王开了自己的第一家公司，凭借多年摸爬滚打积累下来的人脉，很多老客户，包括前老板，都前来捧场。从此，他翻开了新的篇章，开始了自己的创业之路。

【气场修炼方略】

在菲尔博士的气场修炼术中，有一项是逆向思维方式，主要是针对凡事爱抱怨的失败者。其中有一个道理很值得我们玩味，他认为其实人生没有天生的赢家，也没有天生的输家。但为何在后来，赢家总是在赢，而输家却一败涂地从此一蹶不振呢？这里涉及逆向思维的问题，赢家即使在遭遇失败时，也会习惯用逆向思维在其中找到好的一面。比如说一代枭雄曹操，在三国霸业中最后变成了赢家，而赤壁之战遭遇大败后，当时在落荒而逃的情况下，他居然还可以放声大笑，足见其胸襟和心态。

这种逆向思维可以让失败者即使在失败中也能找到成功之处，而长时间训练自己的逆向思维，可以加强自身气场，使自己日后即使在逆境中也会镇定自若地寻找解决方式。

危机对于很多人是危机，但对于有些人却是一种转机。在金融海啸来临时，包括比尔·盖茨等世界富豪的财富都整体缩水，但这一年股神巴菲特却成功问鼎世界首富。

就像前文中的小王一样，工作被炒鱿鱼确实是一种失败，而他之后的表现更是十足的输家，终日抱怨，喋喋不休，仿佛世界对他不公。但经过他人的开导后，他终于意识到这是一次危机，也是一次时机。所以他改变了，由从前任劳任怨的打工仔，变成如今掌控自己命运的老板。从当初气场微弱，轻易就会被别人影响改变的输家，变成了对胜利充满渴望的赢家。

【迷津点拨】

这里并非蛊惑忠诚型人下海经商，但大家可以看看身边的忠诚型人，他们有的生活得并不如意，比如有的人很有才干，但如今在帮朋友开饭店；比如有的人帮老板开了十几家分店，依然只是经理，给人打工。假如把人分为自燃型、可燃型、不燃型三种类型的话，那么忠诚型人大体是第二种，他是需要通过别人带动的那种人。

坦白说，路都是自己走的，没有人会陪谁一辈子那么久。大家走到路口时，便会不期而别，而后约定下个路口见。

所以，给自己一点小小的野心，给自己一点小小的欲望。只有自己赚到的才真正属于自己，别人兜里的钱，永远都是别人的。

四、多疑让你越发缺乏自信

【人与人的相处不是等价交易】

我们都有一个惯性的思维习惯，就是当你对一个人好的时候，你希望得到对方的回应以及在乎。当对方没有达到你的预期时，你就会失望、抑郁、耿耿于怀，你觉得对方变心了，没有以前那么好了，而后独自伤悲，怪罪对方不懂你。

这种每个人或多或少都拥有的习惯，忠诚型人却对其感觉最强烈。所以，有时候不是对方不好，而是你对其太好。这听起来似乎有点绕，那么就试着用逆向思维来看待这个问题吧。

我认识的忠诚型朋友时常会抱怨，比如女朋友现在没有以前那么爱他了，也不会每天缠着他，像从前那么在乎他了。而他抱怨更多的是，他依然对对方那么好，那么爱她，依然那么在乎对方。乍听之下，大家确实会怀疑对方变心了，或者钦佩他的这种执著的爱。但其实这是片面的，因为首先爱与被爱是两回事。你爱她是你的事情，她爱你是另一码事。网络上很流行的一句名言"我爱你，但与你无关"已经很深刻地说明了这其中的道理。

同理，付出也是一样的，你付出是你心甘情愿的，而她付出多少是她的问题。

有一个寓言小故事，很符合忠诚型。从前有一个富翁，他很喜欢礼尚往来与穷人交朋友，他总是喜欢送给穷人礼物，可心里总是企盼对方回送同等的东西。但很明显，这是不可能的，穷人能回送他的大部分是一些薄礼，这让他十分苦恼、愤怒，耿耿于怀穷人为什么对自己如此不在乎，自己可是真心实意地对待他们啊！

后来有一天，富翁一夜之间变成了穷人，他很失落。但这时候穷人给予了他很多帮助，当初那些他觉得用不上的薄礼，现在却变得十分珍贵。之后富翁变成了普通人，与大家热络地礼尚往来，虽然不再是富翁，但生活却是其乐融融。

看到此，我想大家心中已经有了自己的答案。是的，人与人之间的相处不是等价交易，不能以自身的标准来衡量别人。每个人的方式、习惯都不尽相同，当他人对待你的方式让你不满时，忠诚型的你就会怀疑是否是对方做得不够，并且可能因此与对方变得生疏。

这样的例子有很多，比如说你有一个要好的朋友，他过生日却没有通知你，反而跟别人一起去庆祝。他十分感谢你送他的礼物，并许诺过段时间请你吃饭。也许你会认为他没拿你当朋友，不过对方没有找你的理由可能很简单，这次生日来的都是你不认识的朋友，他怕彼此气氛尴尬。

所以忠诚型人在得不到回应时，就会很孩子气地跟对方计较，以至于气场弱小到被忽视。

【逃婚的真实案例】

尤冉结婚之际，未婚夫却逃婚了，她面对热热闹闹的来宾，一时间哭成个泪人。新郎被万夫所指，无论是她的亲戚还是朋友，都十分愤怒且尴尬，不知道该如何安慰这个可怜的新娘，只能不断地哀叹她命苦。

现场的所有人中，只有她自己知道真相，客观地说是她自己酿下的苦酒。为什么会如此无情地这样说呢？因为这半年来两人一直在冷战，婚期是去年定下的，当时两个人还如胶似漆地黏在一起。在长辈看好和所有人的祝福声中，男友一脸真诚地向她求婚，她泛红脸颊轻轻点了点头。可是为何会走到今天这一步田地呢？一切要从半年前说起。

　　半年前男友的初恋情人回国，男友背着她去接机，正巧被她的朋友看到，两人在机场拥抱的画面被朋友添油加醋、夸大其词了一番。男友回家后，看上去很雀跃，嘴角总是不时地上翘。反观尤冉这边，就像被打翻的醋坛子，冷言冷语、话里藏刀地讥讽男友。

　　开始男友还表现得很绅士，但不管怎么解释，怎么哄着她，尤冉都觉得男友是在骗她。尤冉一个礼拜恶语相交，比如："要是觉得我不好，你去找她啊。""你第一天认识我啊，我以前不是这样吗？""现在是不是有其他选择了？那你就走。"在不断的争吵与歇斯底里后，男友带着行李去公司住，冷战正式开始。

　　这期间男友的初恋情人适时出现，对他关怀备至，两人曾经的矛盾与误会也在此时渐渐解开。两个人一起去听音乐会、看电影、逛街、吃饭，俨然一对亲密的情侣。但其实这段时间，两人并没有太亲密的行为和越轨举动。

　　那个女人很贴心，不时会做一些饭菜装在盒子里开车送到他的公司，或者晚上邀请他来家里吃饭，而后开车送他回公司。

　　这期间尤冉也展开反击，向男友的父母哭诉，用道德束缚以及舆论压力让男友变成了一个十足的背信弃义的骗子。最激烈的是，某次她去他的公司大闹，并且堵住了那个女人，指着鼻子骂她是狐狸精。

　　显然她的计划奏效了，男友最终选择屈服，带着行李搬回家住。不过也从那天起，两人开始分居。无论尤冉用什么方式，男友始终不肯走进她的闺房，宁可睡客厅里的沙发。

　　婚期将至，两家人欢天喜地地张罗着，男友却明显心不在焉。尤冉这时候将所有的事情一手接过，发请帖，订婚纱，事无巨细地一样一样做好，她以为结婚后男友的心就回来了。

　　婚礼前夜，男友突然一本正经地想与她谈谈："这婚咱可不可以不结了？双方冷静一段时间。"尤冉十分愤怒，斩钉截铁道："不行！"

　　也正是这一句不行，将对方彻底惊醒，同样也给了他逃婚的勇气。第二天，在接新娘的路上，穿着帅气的新郎官忽然叫司机停车，说要去礼品店买束鲜花送给她。他走进礼品店便再也没有出来。在众人的等待中，不远处开走一辆轿车，渐渐驶向远方。

【气场修炼方略】

这是一个真实的故事，大家都怪新郎无情无义，但其实爱情里根本就没有谁对谁错。无论是尤冉还是她的男友，都有对，也都有错。

如果以气场角度来看的话，首先问题的最大关键在于尤冉。显而易见尤冉是一个忠诚型人，可能很多读者会因此愤愤不平。让我们来慢慢解析一下整个故事。回顾两人如胶似漆的甜蜜时期，不难发现尤冉一定是一位可爱的姑娘，而男友愿意求婚与她相伴一生。但缘何会造成最后的结果呢？一个很大的点在于男友的初恋情人回国，尤冉在听信风言风语后，对男友恶语相加、冷嘲热讽。

我们姑且不说男友的接机、拥抱等是对是错，但尤冉对男友的信任就很低，并且她的气场很弱，十分容易被他人的言语所控制。如果是气场强的女人或者聪明的女人，一定会说："亲爱的，不用担心，他提前向我请示了！"对方听到这里多半会匆匆挂了电话。

在西方拥抱是一种礼节，表示亲密、友好。如今即使在相对传统的中国，多年不见的好友再次重逢时有拥抱等亲密举动也并不为过。而接下来尤冉无论是在言语上还是在行为上都深深地伤害了男友，很充分地体现她缺乏自信、气场很弱。

让我们再回顾一下那些话："要是觉得我不好，你去找她啊。""你第一天认识我啊，我以前不是这样吗？""现在是不是有其他选择了？那你就走。"这是多么的不得体、多么愚蠢的言语啊！

初恋女友是过去时，不用担心很多，尤冉拥有现在的优势。当然在此时尤冉要花更多的时间陪男友，成双成对地出现在男友的初恋面前，要和男友做好沟通，而不是冷言冷语地把男友推到别人身边。尤冉对自己没有自信也不信任男友，没有信任的感情谁也无法走下去。

【迷津点拨】

忠诚型人选择对他人忠诚，同时也需要他人对自己保持忠诚，多半害怕失去，需要安全感。从心理学上讲，忠诚型人对自己缺少信心，觉得自己不够好，所以怕对方离开自己。这首先是一种对自身的不肯定，对自身的一种否认。

如以气场学来讲，这表明忠诚型人的气场不够强大，不足以让对方被其吸引。生活中比较常见的忠诚型，长得挺标致、为人善良、工作和家庭条件都不错，但不知道为什么就是不能够吸引别人，引起别人的注意。

是的，这就是气场不足的表现。如果一个人与你结婚的理由是"你很好，我挑不出你哪里不好"，其实这有点"杯具"。

只是因为你的条件都很好，所以最终选择了你，却在日后移情别恋。你可以大加指责对方的道德问题，但也要自我检讨一下，因为你没有吸引对方的地方，你的气场弱小得可怜。

我们常说："专注的男人最帅，做自己的女人最美。"忠诚型人总是缺少一些自己的个性，总是中规中矩，人云亦云。简单来说忠诚型人就是："你说不出他哪里不好，但也没有什么让人记住的地方。"

要让气场加强，首先要将自己的视线从别人身上移到自己身上，不要总是自我否认，多疑只会让你更加胆小、怯懦、一事无成。要学着开阔眼界，适当地给别人信任的鼓励，争取自己的利益而不是等待事情的转变。

每天抽出5分钟在镜子前训练，直视自己，给自己一个完美的笑容，记住这个最完美、最自信的笑容。相信我，它会给你的一天带来力量！

五、君子求诸己，小人求诸人

【遇难时，先动脑子而不是先动手指】

忠诚型人的另一大问题，就是习惯于依赖别人。这种惯性让他们凡事喜欢先问别人怎么做，而不是自己先拿定主意。可能这是目前80后、90后存在的很普遍的社会问题，从小被灌输什么该做、什么不该做，因此凡事都会不自觉地先请示别人，再作决定。

忠诚型人更是如此，在很多时候遇到困难时，并不是先动脑子想办法如何去解决，而是先从兜里掏出手机，按下别人的号码，大声地呼喊"help"。

这不是一个弘扬英雄主义的时代，没有人会披着红斗篷、穿着红内裤闪电般出现在你面前，来帮你解决任何困难。准确地说，这是一个自我主义的时代，每个人都是自己的超人，因为求人不如求己。

当你遇到苦难时，拿着电话求救："噢！亲爱的，我该怎么办，我真不知道如何是好。"其实可能很多读者不相信，但科学研究早已证明，别人给予75%的意见都是未经过深思熟虑的，甚至可以说是错误的。

并不是别人不负责任，而是潜意识里觉得这不是自己的事情，所以不愿太费心思。并且，在你需要帮助的时候，对方的时间、人物、地点、心情等种种因素都会侧面影响到答案的质量。

调查表明，通常所获得的答案分几种，第一种为灵光一现，想到什么说什么，而且口无遮拦、毫无忌讳。第二种为主观评价，也就是说当你遇到一个难题时，朋友不是以你的角度去考虑事情，而是以自身主观思想去评价这件事。

打个简单的比方，一对情侣谈恋爱半年，女孩觉得男孩太冷漠，她与朋友商量，而她的朋友并不喜欢那个男孩，最终女孩听信了朋友，两人分手了。但其实女孩还是很喜欢这个男孩的，事后再试图挽回一切时，男孩拒绝了。

并不是女孩不喜欢男孩，而是女孩的朋友不喜欢男孩。这让一场本可以走很久的恋情，就此夭折了。但最重要的问题是，女孩在最后徒留伤悲，因为她忘不了男孩。

忠诚型人在生活中是属于被动型的，并不是说做事不积极，相反忠诚型人很勤快，生活也很努力，总是主动面对人生。那么他们的什么是被动的呢？他们的思想、精神世界是被动的、易被人影响的。他们是生活中的勤快人，精神上的懒人，他们并非不喜欢动脑，但总是希望听听别人的意见，而且常常因为别人的建议而否定了自己的答案。

假如说思想是一把越磨越锋利的刀的话，那么忠诚型人更喜欢借用别人的刀，而自己的刀因为长时间不用，最终慢慢生锈，变成一把腐朽的破刀。

忠诚型人，有时间向别人求救，倒不如自己多动动脑子，少动动手指。只有自己才是最值得相信的。

【我做错什么了，为什么他们讨厌我】

7岁的David是菲尔博士遇到的来培训的最小的孩子，他的父母将他送到博士的培训中心。小家伙长得很可爱，嘴巴也很甜，同来培训的大人们十分喜欢这个头上有着一朵朵卷毛的小男孩。

大家都很好奇，这个孩子有什么问题呢，多么可爱的小家伙。孩子的父母很快说明了他的状况，他的新同学还有小伙伴都不与他玩，这让他们十分头疼。他们也曾问过其他孩子，为什么不喜欢与David一起玩耍，孩子们异口同声地回答："因为我们不喜欢他。"即使父母再三追问、用食物诱惑也无济于事，他们再不开口。

菲尔博士在不断的接触中，慢慢和小家伙变成了朋友，小家伙刚接触时的拘谨已经不见了。有一次，博士在下课后陪David玩，David的鞋带忽然开了。他天真地看着博士，"博士叔叔，你可以帮我系一下鞋带吗？"博士摸摸他的头，蹲下身帮他系好，他很有礼貌地说声"谢谢"。

在下一次的培训后，小家伙在院子里踢球，鞋带再次开了。他再次天真地看着博士，"叔叔，可以帮我系一下鞋带吗？"博士一边蹲下来，一边问他："亲爱的，你在学校的时候，鞋带开了怎么办？"小家伙稚气地说："我会找同学们帮我系。"菲尔博士似乎了解了同伴讨厌他的原因，忽然扯开刚刚系好的鞋带，认真地看着他："亲爱的，自己的事情要自己去做。"

小家伙撅起小嘴，委屈地说："我不会。"说完趴在地上打滚，肆无忌惮地号啕大哭。他狡黠的蓝眼睛在指缝中窥视着菲尔博士的举动，博士自然识破了小家伙的诡计，泰然自若地蹲在他面前，无动于衷地看着他演戏。待到父母来后，小家伙依然鼓着小嘴，也没有像平日那样对博士告别，扭头就走了。

第二天小家伙的苦日子来了，平日里用人的服务全部消失，这正是菲尔博士与他父母沟通后的结果。而且，他要学会诸如系鞋带、热牛奶、吃早餐之类的种种事情。他每天的一美元零花钱被提升为两美元，但被分成了20项，做到一项得一枚一角银币。总结一天的劳动成功，隔天早晨发薪水。

他第一天只做到了两项，吃饭、按时睡觉，所以只得了两角。回家的路上他每天必买零食，这一天却囊中羞涩，他眼巴巴地咽下口水回家了。在父母工作未回来前，他照着日记本耐心做了其中的几项。

第二天早晨他收获了一美元二角，喜滋滋地上学去了。短短一个月的时间，包括系鞋带、整理书包之类的小事小家伙早已得心应手，他还通过用自己赚来的零花钱请小伙伴们吃零食，渐渐地融入团体中，找到了自己的小伙伴。

让我们听听以前他的伙伴对他的评价："他是一个麻烦精，走到哪里都需要别人帮忙。""噢！天哪，他整天像个小鸟一样，唧唧喳喳叫个不停。""David？你说的是那个芭比少年吗？"

【气场修炼方略】

如果你认为气场只分为强弱，那就太过一概而论了。气场可以视为成功者必备的气质，只有成功者才具备强大的气场，而平凡人和失败者的气场则十分渺小，甚至微不足道。

气场修炼有一个很重要的点是自信。生活中有很多的"麻烦精"，他们很习惯依赖别人，同时也希望被对方依赖，这就像奢望两只可以拥抱相互取暖的刺猬一样让人哭笑不得。其实这是一种缺乏自信的表现，所以才会对别人产生依赖感。

但人与人之间的信用和尺度是有限的，即使是最亲密的朋友之间也是如此。古语讲："君子之交淡如水。"这话不无道理，在古人眼里君子泛指强者，君子之间的交往是直接而不拖沓的，相互欣赏但不相互臣服，方为君子。

打个简单的比方，如果你一位认识多年、从未开口请你帮忙的朋友突然有求于你；同时另外一位也是认识多年、但大事小事总会麻烦你的朋友，再次向你开口，假如两人为共同的一件事——"借钱"，而你手头的数目只够借给其中的一位时，我想你多半会选择前者。

这是一种思维逻辑方式，对后者你在心里会嘀咕："唉，怎么又是他？这都多少次了，难道他就不能自己想想办法吗？"但对前者你会想："认识这么多年从来未求过我，一定是遇到什么困难了，我该帮帮他。"

这是两种截然不同的心态，假如你用生活琐事将朋友对你的信任耗尽，那么当你遇难或遭遇大事时，谁还愿意对你伸出援助之手呢？

自立自强的人通常周身散发的是积极气场，让大家愿意向他靠近，大家从他身上能看到某些闪光点，或者学到某种特质。但惯于喜欢麻烦别人的人通常散发消极气场，犹如一种腐烂的味道般让人作呕，让大家不自觉地皱眉，远离你。当然，也会有人接近你、需要你，因为彼此臭味相投、情投意合。

【迷津点拨】

"君子求诸己，小人求诸人。"这是一个恒久不变的真理，并不是让人人以君子著称，而是让大家学习君子自强不息的人生方式。并非让大家万事不求人，但凡事要先动脑而最后动嘴、动手。当一件事你自己无法解决时，再让别人伸出援手。在这期间，你也会通过自我反思来反省自身的缺点和不足，充分地认识到困难的严重性，日后定会小心防范。

倘若在第一时间就挥白旗宣布缴枪投降，是一种不负责的人生态度，也许这次通过人脉圆满解决，但日后难免再犯。犯错，每个人一生都会经历，但要充分认识到错误的严重性。当你用何种态度面对人生，未来你就会得到何种生活。

六、我要当"大赛型"选手

【你缺少的只是狮子般的雄心】

是的，忠诚型的人缺少的是狮子般的雄心。当别人为明天的自己而担忧时，他们并不害怕，相信车到山前必有路。当别人为了工作不惜去外地奔走时，他们却无动于衷，并不想离开家乡去远方。当他们的朋友摇身一变成为"成功人士"时，他们虽然羡慕可并不眼红，不过他们并不想变成另一个他。

可能，这么说来他们还是不错的。心态很平和，不卑不亢，大有宠辱不惊之意。也许他们有满腹的牢骚，身边人都认为他们是可造之才，万里挑一的人中龙凤。但现实是什么，现实就是他们囊中羞涩，那些微薄的薪水根本无从证明他们的价值。

这是为什么呢？他们明明如此优秀，如此潜力无限，难道别人看不到吗？难道别人都是瞎子吗，傻瓜吗？其实都不是，正是因为别人看到了，才会赞许别人，当然其中不乏吹捧揶揄之意。但如果是十个人赞许他们，甚至是更多人的赞许，那便是他们真的有才识。此时，如果他们再不走出来，那就说明是他们的问题了。

是的，是他们自己没有看到，他们不相信自身的能力，他们用自卑遮蔽了心灵之眼，让它选择性忽视了自己。而这双善于发现的眼睛，总是在伺机寻觅着别人的天赋、别人的优势、别人的特点，如果遇到这样的问题，此刻他们一定会说得头头是道。上司的性格特点、朋友的性格特点、同事的性格特点，任何人可能都难不倒他们。

但他们自己呢？自己的性格特点是什么？嗯？在支支吾吾的说不出来吗？

看，为什么他们总是了解别人、相信别人，而不了解自己、相信自己呢？

也许此刻他们会扪心自问："请问我哪里比别人强？"但我想问问他们："请问你哪里又比别人差吗？"可能此刻他们想到了自己的很多毛病：懒惰、不善交际、内向之类的。

看，他们是多么的无趣，总是记得自己的缺点，却将优点通通选择性忽视！无论他们是羞于出口，还是压根就没发现自己的优势，他们都是失败的，他们的气场是暗淡的，就像灰色一样。多他们不多，少他们不少，毫无特点，没有一丝光芒。

试想，如果此刻是一次面试，面试官问到他们这些问题时，他们的回答就像刚才一样糟糕，他们还会有希望进行到下一轮吗？别跟我说这不可能，现在职场面试经常针对性格、心理作分析，因为这能反映一个人的生活态度，面试官就是要从石头中找到金子。

所以，他们晋级了，那才是笑话！很难相信一家公司的面试官会如此的老眼昏花、混沌无珠地让他们通过！可能，他只是想招一位很普通很普通的员工，让其唯命是从，像机器一样的听话，像机器一样的麻木。所以并不在乎他们是否有潜力，是否是公司的千里马。得了吧，别骗自己了，还是洗洗睡吧。我觉得这世界上有一种人是最悲哀的，明明是鹰却终日与鸡相随，明明是狼却认为自己是哈士奇。一匹千里马的内心深处始终认为自己是一匹普通马，所以它从来就没有发挥出潜在的力量，一直都在浪费着自己的才华、时间、生命。难道还有什么事比这更愚蠢吗？

这可不是在教唆忠诚型的人下海经商、断然辞职、炒老板鱿鱼之类，而是让他们站在镜子前，专注地看自己，给自己力量："你就这么孬吗？""不能让父母过得好点吗？""你就心甘情愿地这么跟着他？""小时候你比别人差吗？为什么现在就不行了？"

对自己的心说："是的！就在今天！"是的，改变就从今天开始。

【我总是在关键时刻"掉链子"】

李伟从技校毕业后，就被分配到工厂里工作，入了党，平日也很发奋，但总是关键时刻掉链子。比如一次表彰大会，李伟作为先进上去讲话，支支吾吾半天，愣是没说出来一句话，脸部明显的抽搐让下面的同事更是笑得前仰后合。总之，李伟这次的表现让他全年的努力毁于一旦，大家常提的"先进"，更变成了对他的一种揶揄。

这让原本的喜事变成了"杯具"，李伟的脸上更是别提多晦气了，同事就跟忘记他名字一样，见到他大老远就扯着脖子喊："先进！"在食堂吃饭时，同事也会半真半假地说："师傅，这是我们单位先进，您给多加点菜。"类似的种种玩笑更是不胜枚举，仿佛如影随形，"先进"这个词让李伟产生了强烈的厌恶和惧怕。

有时候他做梦都会梦到不断地有人呼唤着"先进""先进"，无数张嘴在天空中浮现，耻笑、玩味、揶揄、各式各样的笑容，在对着自己。

他的生活受到严重干扰，同事的揶揄就像噩梦一样，使他精神不济，工作时常常会去想这些问题，有时候会溜号走神。

有一次，李伟在加工一个零件时，由于分神，手指没有及时抽出来，大手指被冲压机压碎，被送进了医院。工厂给他放了一个长假，在这段时间他反复思考问题的关键，并买了几本关于内心修炼的书。

他终于明白了，自己缺少的是什么，其实他缺少的是自信。再次回到工厂，他不会再觉得那些调侃让人尴尬，反而因此跟对方开起玩笑来。同事在说过几次后见没有效果，便不再提了，辗转又找到了新的目标，向他人进攻。

第二年，李伟因为工作努力，再次被评为先进。他从容地发表讲话，丝毫看不到去年的紧张与尴尬。在演讲结束后，这一次迎接他的不再是哄堂大笑，而是掌声雷动。

【气场修炼方略】

在专业运动比赛中，有一种选手是教练最喜欢、最愿意培养的，那就是大赛型选手。简单来说，就是越在激烈、关键的时候，发挥得越镇定、从容。也正是因为有这种运动员，我们时常能看到惊天逆转、爆出冷门、绝杀等激动人心的好戏。在场面一度被动、一直落后时凭借超强的信心力挽狂澜，这种大赛型选手通常都拥有一颗压不垮的强大心脏。

生活中我们时常会见到一种人，他可能为人和睦、待人友善，可能工作努力、对同事照顾，但当真将他推到台面上时，他却总是在关键时刻掉链子，让大家大跌眼镜。

即使是如今名扬四海的气场专家菲尔博士，当初也是一个差劲的傻小子。可能你会大跌眼镜吧？我的天，难道他也会如此尴尬吗？是的，当初的菲尔博士就是一个十足的傻小子。

上大学时的菲尔博士，并不讨女孩喜欢，学校中只有两种男孩子最受欢迎："富二代"或者"体育明星"，而篮球更是作为其中的主流项目。学院里有很多的篮球高手，他们就像学校里的明星一样，让女孩子们着迷，让姑娘们疯狂、如痴如醉。

菲尔博士开始打篮球，即使他的天赋不够，但他靠刻苦的训练最终成为了篮球高手。也因此，他认识了自己现在的妻子——海伦。当时海伦漂亮极了，菲尔博士有幸约她出来一次。但可怜的家伙，他竟然搞砸了。那天是下雨天，年轻的菲尔坐在餐厅里等着海伦来，进入餐厅的海伦身上已经淋湿了，菲尔不知所措，无动于衷地坐在那里。看着愣头愣脑的菲尔，海伦已经无法忍受了，她说："你真的是球场上神乎其技的菲尔吗？还是，你是他的弟弟？"

结果可想而知，海伦在离开时对他义正词严地说："以后别再找我。"

菲尔回家后，万分懊恼，他想挽回海伦，但对方压根不接他的电话。一个礼拜后，他终于等到了机会，海伦想借车去外地玩。菲尔找到海伦时，海伦正向学校里的另一位篮球明星谈车的事情，菲尔此刻流露出不容忽视、舍我其谁的霸气，将钥匙放进海伦手里，拉着她的手说："走，让我们去看看车。"后来的一切都顺理成章，菲尔博士表现出最棒的自己，后来他在神甫面前牵起了海伦的手。

假如将这看成一场比赛的话，那么菲尔博士是在不利的情况下，绝地反击，上演惊天逆转。但究竟是什么让他做到如此改变的呢？是他强大的气场，他永不言败的信心。

菲尔博士缘何最终成功呢？这其中很大的原因在于他的决心以及气势。在回家反省后，他不断地告诉自己："我喜欢这个姑娘。""我不想失去她，我要争取每个机会。""我爱她，我要和她在一起。"当海伦再见到菲尔时，坚定的眼神让他整个人的气场都变了，他不再犹豫，用自己的行动告诉海伦："你就是我的，宝贝！"

气场是需要长时间累积的，包括每日每夜的培养。它就像一个住在你心里的婴儿，随着时间逐渐长大，在你克服困难后它便会成长一点，强壮一点。

根据调查，我们发现了一个有趣的现象，就是一些公众人物、名人在接受采访时十分淡定、从容。很多人十分好奇，他们是怎么做到的？为什么他们可以回答得那么完美？答案可能会让你吃惊，"因为早在10年前，他们就已经在思考今天了。"这便是他们气场强大的原因之一。用10年的时间，什么事情会做不到？什么事情会想不通？

【迷津点拨】

我们十分羡慕、仰望甚至嫉妒明星们那耀眼的光环，以及那光鲜亮眼的生活，但很少关心他们当初如何，也不会在意当初的他们是谁。所谓

"冰冻三尺非一日之寒",这世道谁也不可能一口就吃成胖子。

人们常说"怀才就像怀孕,时间久了才会看得出来"。气场也是如此,需要长久的训练,才可以看到效果。

假如忠诚型的人,生活依然平淡无奇,或者浑浑噩噩,那么不如给自己设计一个目标吧。为自己设定今年可实际操作的三个目标,享受那种付出后收获的成就感。比如说:月薪从3000元涨到5000元,带着家人去远方旅行……这本身就是一种气场修炼,带着信心每天向前走一小步。当无意间回头看时,会发现自己已经走出万里。所以,要当一名平凡人中的大赛型选手,要有狮子般的雄心,要拥有绝地反击的勇气,对生活永不放弃!

第七章　享乐型气场秘诀

"活着，就是快乐至上。"这是很能代表享乐型人心声的一句话。享乐主义者的时间会被挤得满满的，充满了欢乐与愉悦。相比于其他类型的人，他们有充足的精力去营造各种刺激和体验新鲜事物，而且多才多艺，喜欢制造笑料，天性乐观善良，因而是团队中的开心果。朋友是享乐主义者丰富的生活中不可或缺的部分。在一群人中他们能掀起阵阵笑声，这是他们与生俱来的本事。别人也很乐意与他们同乐，因为与他们在一起，不用担心会冷场，他们有掌控聚会局面的能力。

然而，享乐型的人大多行事散漫，比较随性，不喜欢被各种计划表和时间表所限制。在性情大好时他们可以有很高的行事效率，如果不在状态他们便会一拖再拖，这不利于事情的善始善终。

生活不能仅仅是快乐、自由，那是童话故事，自己的刺激和新鲜，有时是以让周围人背负包袱和压力为代价的。所以享乐型要现实一点，如果脑子里只有娱乐，那你就无异于"扶不起的阿斗"。

享乐型的气场是富于吸引力的，但并不够强大，在事关大局的事情上总是难以形成号召力和掌控力，且难以服众，所以在正经的工作场合总是深受打击，且对此反应过度，给人不成熟的感觉。因而，享乐型的人修炼气场，重点是克服精神散漫、自制力差、玩性大等天性，使自己周身形成金钟之势，对外面的花花世界具有克制力和免疫力，同时也让曾经的"狐朋狗友"不可接近，从而让自己更加完美。以上的种种分析基本上还限于一种理论上可行的状态，但是真的想要具有超强的气场，还需要注意以下几点：

一、有了有意义的愿望后，首先确定自己非常想实现，进而把它变成现实。强化自己的愿望（不包括不切实际、胡思乱想的愿望），每天重复3次，连续21天。当这个愿望成为潜意识后，它会促使你做出实际的行动。

二、节制欲望。罗列欲望清单，在每个积极的愿望前面画加号，在消极的前面画减号，每天浏览一下这个清单，告诉自己："我要……不要……"慢慢地你就不会去想那些减号的愿望了。

三、事先做好计划。享乐型的人应当尝试什么事都做好详尽的计划，要对可能遇到的问题做好打算。计划可以增强你的做事信心，进而提高你的意志力。

四、创造关键词。最好把关键词贴在显眼的位置，例如床头、书桌前，这样每天它们都会激励你不断前进，继而使你做出关键词所对应的积极反应。

五、当良好的自我感觉遭到质疑时，尽管十分愤怒，也要学会控制自己的情绪，继续完成工作。当情感出现问题时，不要对身边的人产生两极化的看法，要么认为对方全是错的，要么认为对方全是对的。如果事情看上去很糟糕，要学会接受现实，而不是胡思乱想。

知道不是力量，相信才是力量。要让自己坚信改变就能成功。

一、活着就是快乐至上

【你是天生的乐天派】

"如果我不快乐，活着还有什么道理。"大家经常听到享乐型的人会随口提到这句话，就如同他们身上明显的标签一样，十分享乐。这是一句能概括享乐型想法的总结。因为他们就像大孩子一样，满脑子都是稀奇古怪的想法，满脑子都是玩乐。游戏，那一定是他们的最爱吧。

享乐型可以说是九型中最随心所欲的类型，因为他们的潜意识一直在影响着他们，为快乐而出发。生活中他们也是讲究随心随性，首先要自己获得快乐，不喜欢规矩和束缚。不过这可难为了他们的老师、老板，以及他们的上级领导。

因为他们是不"靠谱"的人。一个正常员工如果一个月会请一次假的话，那么他们是隔三差五地请假。天知道他们为什么比老板、经理都忙，气势比他们还足，讲起话来也是理直气壮。

但同时他们也是特别的员工，可能他们的工作能力十分出色，有些工作中他们可能会扮演关键人物。就像小时候我们看到的《灌篮高手》里的那个樱木花道，他身上的不确定因素非常多，但往往在关键时刻可以力挽狂澜，而平时就像个傻瓜一样。

别以为这是在损樱木花道，相反这是一种很大程度的认同，因为他是个具有天赋、乐观、顽强、努力以及强大心脏的男人。享乐型的人从来不缺乏天赋，相反从童年就可以看出他们很聪明、很出色，而他们最大的缺点是懒散。

【我只做自己喜欢的事情】

周寒喜欢玩网游，什么魔兽、仙剑、天龙、CF都玩得不亦乐乎，有时候还组织网络上的一帮兄弟们彻夜打游戏。他为人大方，所得到的游戏币全部给网上的兄弟们练了装备，自己打怪捡到的好东西，也毫不吝啬地分给别人。因为如此慷慨，他在网上颇有"人缘"，和他打游戏的人都尊称他为"老大"。

一次在公司，周寒做完了自己的工作，正好一个网游的精美网页蹦了出来，是《仙剑奇侠传5》。这让他精神大为一振。他立刻登录了游戏，和一群兄弟在里面开始打怪。

不巧的是那天部门经理有一份登记表放在他那里，忘记通知他送过去，所以亲自来取。周寒玩游戏玩得很投入，根本没有意识到部门经理已经站到了他的身后。部门经理铁青着脸看着周寒兴致高昂地打完了两关游戏。

听到部门经理的咳嗽声，周寒立刻回头笑着问经理有什么事情。经理说需要一份登记表，周寒从一沓厚厚的资料里抽出登记表递给经理，并说："早做好了，就等秘书来取呢。"然后又转身打游戏去了。因为正到关键时刻，他这位"老大"必须亲自上阵。

这下经理可受不了了，直接上前关掉了电脑的电源。

"这是上班时间，不是用来玩游戏的。"部门经理愤怒地拍了下桌子。

"可是我的工作已经完成了，而且也快下班了，打游戏放松下大脑。"周寒也不甘示弱，脸上有了不悦之色。

"上班时间，就不应该做任何与工作无关的东西。"

"难道天天像机器一样工作就能提高工作效率吗？这种毫无创新的东西只能把人扼杀。"周寒也不知道哪来的勇气顶撞了部门经理，或许是因为关键时刻被经理关机，错失了一个通关的机会。

部门经理听到这话，一句话没说就走了。周寒的心里除了气愤以外，还有一些担心，担心自己会被公司解聘。

果不其然，第二天，周寒就收到了一纸解聘书。周寒拿着那个月的工资收拾好东西走出了公司，他有一些难过，一方面是失去了这份工作，失去了一些共事的朋友；另一方面是在这个公司待了两年，已经习惯了里面的生活。

郁闷地看了看公司的大玻璃窗，周寒长吐了一口气，然后脸上突然出现了一种玩世不恭的笑容。"此处不留爷，自有留爷处，处处不留爷，爷回老家住。"周寒说完，哼着小调离开了公司门口。

【气场修炼方略】

有这样一个故事，说是三个人聚在一起讨论生命的真谛。

一个人说："生命在于运动。"

一个人说："生命在于静止。"

另一个人说："生命在于随心所欲。"

周寒和第三个人是同一类型的人。他们觉得活着就该随心所欲，否则就会不快乐。享乐型的人很会生活，不会被生活的难题所困扰，总能想出让自己快乐的办法。而且觉得如果不按照自己的意愿活着就会很累。他们认为人活着不就是为了自己开心高兴嘛。

有时候，任性是一种独特的标志，甚至会让人欣赏。比如，某些女孩子的任性就会使她得到喜欢她的男士的娇宠。但是任性得有度，因为任何人的忍耐都是有度的，你可以随心所欲地活着，但是也需要考虑下别人的感受。

生活中，一些聪明的女子懂得如何把握好任性的尺度。比如，她们会用撒娇加严厉的态度向男友或者老公索取某种想要的东西，然后再对男人加以语言或者行动的安抚（比如买件男士喜欢的东西），相当于先给一棍子，然后给颗甜枣。这样的女士往往周围有很多男士围绕，或者作为她伴侣的人总会围着她团团转。因为她们的身上就有着令人着迷的气场，会吸引很多人。

其实这种令人着迷的气场就是收敛和安抚，能伸能缩的人在生活中才会八面玲珑，同样，他们也活得很快乐，并且不会因为任性而得罪他人。他们的气场往往是强大的，常常可以恰到好处地拿捏住人和事。所以，享乐主义者想要提升自己的气场，就要在某些场合懂得收敛，同样也要懂得安抚。如果当时周寒向部门经理道歉，也许不会被开除，反而会让人觉得他是个知错就改的人，那么他偶尔的任性就会被忽视，抵触变成了个性吸引的方面，他的气场就会在不知不觉中扩大。

该任性的时候任性，该收敛的时候也要收敛。后来周寒因为出色的工作能力应聘到另一家公司，但不久因为试用期打电话时间过长而被辞退了。他觉得自己没有错，是公司的制度太死。他向朋友抱怨，朋友指出他有时候该收敛下，公司不是自己家，不是肆意妄为的地方，否则，下一份工作，他还是会被辞退。周寒听从了朋友的建议，在下一家公司严格遵守公司制度，再没发生过类似打游戏、打电话的情况，不到一年就因工作出色而升到了部门主管的位置。

【迷津点拨】

心理学家们曾针对孩子懒散这一问题做出科学分析，结果却让人意外。答案是：懒散的孩子比周围的孩子更加聪明，所以他们将更多的精力投入到其他事情上。而且这与他们从小到大的成长不无关系，也跟应试教育制度有关系。

如果你仔细回忆一下，就会发现一个很奇怪的现象，真正聪明的孩子都是不爱学习的孩子。打个最简单的比方，就是小时候同学们一起做作业，A是享乐型，他可能因为聪明很快就写完了，而B、C还在继续努力。这时候A该做什么呢？当然是玩。长此以往A就会形成一种惯性思维，自己付出一半的努力就可以和别人持平，而无须全部努力就比别人更强。

这是一种人与人之间的制衡标准，无论是儿时的伙伴还是如今长大的同事，你身边的朋友都是与你差距并不明显的，没有人会与比自己高好几个等级的人做真正的朋友，同样也没人会乐意与比自己低好几等级的人真心交朋友。这就是物以类聚、人以群分的道理。

享乐型那一脸玩世不恭的表情、遇事嫌麻烦的那种优越感，可能会遭到异性的追捧和喜爱，但对于同性来说则是一种致命打击，让周围同胞感受到很大的压力。因为你会变成他人衡量的标准，他们的朋友、家人可能会对他们说："有时间学学人家。""你看看你同事多有出息，再看看你。"这在无形中已经伤害了很多人的自尊心。

你今日的我行我素也许赢得了满堂彩，但却为日后铺垫了更多的绊脚石。要注意别给他人太大的压力，不要标榜自己是人中吕布，无人能敌。所以常听大家讲："高调做事，低调做人。"

二、节制欲望，不要高开低走

【长大以后，你活得很疲惫】

小时候快乐很容易满足，一根雪糕、一块大白兔奶糖、一小包零食都会让我们快乐一天。但长大以后，这种快乐却往往找不回来了。也许买一件限量版的奢侈品、房子、车子、一大笔钱才可以让我们喜笑颜开，而下一次感受到这种快乐却需要翻倍。

这种物质上的快乐，就像一个永远打不完的游戏。小时候的你，梦想是有一套100平方米的房子，装修豪华，大落地窗。但当你真正获得后，你却将目标早已定在了400平方米的别墅了。你小时候很喜欢"甲壳虫"，觉得那车十分酷，但当你真正买得起后才发现车的空间十分小，你早已经将眼光放在了别人的大奔、X6上。

享乐型是一个过于追求物质享乐的类型，大脑常常会被物欲所占满，常常会追求一些本不适合自己的东西。说到底，就是攀比心理，强烈的攀比心理。

"×××，人家都有了，为什么我没有？""×××，人家都买了，为什么我们家不买？"

说实话，车不过是代步工具，很多人其实没必要买车。假如你是一名公司白领，你为了不用挤拥挤的公交车和地铁，可以在早晨多睡一会，那么你可以选择打车，而且还不用你开，可以真正地休息。

也许你会说，一年打车需要花费多少，那么请问一年的油钱、保养费、过路费、过桥费以及保险之类的，会比你打车花费得少吗？想必有过之而无不及。

有车的优势和劣势都十分的鲜明，老板买车首先是为了门面，但白领买车则更多是因为虚荣。老板需要开车去很多地方签合同、交际应酬，车是交际的门面。但是白领显然更多的是以娱乐为主，那么车便是负增长产品。

这也是大部分享乐型的人活得累的原因之一，因为他们被欲望冲昏了头脑，追求太多本不需要的东西，活得疲惫是必然结果。

享乐型是一个对现实过于满足甚至称之为美好的类型，所以他们常常会衣食无忧，天真快乐得像个孩子。不过世事无常，当享乐型的人进入社会后，父母逐渐脱下了对其的保护衣，他们就很容易遭受生活的打击。而这完全是他们个人造成的，因为他们总是花钱大手大脚，根本不计后果。

这种性格特质往往会留下祸根，当享乐型的人发现自己陷入困境时，突如其来的打击往往让他们不知所措，他们就像犯错的孩子一样无辜，但现实的困境犹如一潭泥沼，等待救援不懂自救的他们，最终只会深陷其中。

【别任性地沉溺于过去，时间还在前进】

在单位里，田华可以说是最慷慨最快乐的人。大家出去吃饭，他总是第一个跑出去结账。出去K歌，也是他第一个去埋单。单位里谁过生日，田华送的礼物一定价格不菲。他自己刚买的iPhone只要他不用的时候，别人就可以拿来用。不管做什么事情，他都是开开心心的，没有丝毫不愉快，大家也喜欢和他在一起。

当然，田华之所以这么慷慨，是因为他有一个暴发户的老爸，田华就是一个标准的"富二代"。他有资本可以这样去"慷慨"。

但是田华最近不"慷慨"了，而且也变得不快乐了。因为他老爸做生意赔了一大笔钱，田华立刻从"富二代"变成了"穷二代"。

田华内心郁闷，不参加同事的聚会，不和任何人多说话。有时候，别人好心请他吃饭，他觉得别人是在可怜他。别人过生日邀请他，他也不去，怕送不出好的礼物别人看不起他。确实单位里有一些人因为他变成了"穷二代"与他来往少了，但还是有很多人对其报以同情的，在很多地方都助他。但是别人帮助他的时候，他却说："你是同情我吗？"久而久之，大家也不愿和他怎么接触了。

因为心情郁闷，田华生病了，他躺在家里伤春悲秋，感叹世态炎凉。现在，他最高兴的事情就是睡觉之前，因为可以想从前的事情，非常快乐，自己想怎样便怎样，而现在的自己却只能在床上感叹。

"风水轮流转啊！"他感叹着。

因为生病，田华三天没来上班。单位的一个好朋友提着东西来看他，一进屋，就看见满地的易拉罐、泡面桶、烟头等，田华的房间原来是一尘不染的。

"你怎么这么颓废？"朋友放下东西，坐到他的旁边。

"我已经报废了。"田华苦笑，"做什么都没意思。"

"你在说什么，大家又不会因为你没钱看不起你。何况钱是你老爸赚的，你拿去挥霍，有什么可以感叹的。"

"可能有点不适应。"

"钱没了能再赚，你总是在这里感叹，沉溺在过去有什么用，反正没钱了，清醒一下，考虑下一步该怎么做吧。"朋友对田华进行了两个多小时的劝解，其间还帮他削了苹果。

朋友的话起了作用，田华觉得自己确实该振作起来。现在要做的是做好自己，而不是作无谓的抱怨，反正事情也发生了，抱怨也改变不了事实。他从床上起来，和朋友一起打扫屋子。看着光亮一新的屋子，他的内心似乎洒进了满满的阳光。

他和朋友说明天自己就去上班，自己会振作起来。

朋友说："别把自己沉溺在过去，时间在前进，事物在变迁，你需要的就是拿出勇气面对现实。"

田华点头表示同意。

回到单位的田华很快恢复了从前的快乐。但是很多地方已经不似原来"慷慨"。大家知道他的情况，表示理解，他还像从前一样跟大家说说笑笑。在工作上，他变得非常努力，因为工作勤奋踏实，也受到了领导的关照。同事和领导都更加喜欢他，没多久，他就升职了。提拔他的领导说："小伙子，你吸引我的就是你没有被困难打倒。我以为你不会走出那一片阴霾。没想到你很快走了出来，而且没有怨天尤人，工作还更加勤奋，你积极工作的状态让我很欣赏。"

【气场修炼方略】

如果一个人拥有积极的身心状态，那么接近他的人就会觉得很快乐。如果一个人有着消极的身心状态，那么接近他的人也会烦躁和不安。这样的情况就跟我们说的"近朱者赤，近墨者黑"的情况是一样的。

生活中，我们常常遇到这种情况，早晨醒来，发现外面是个大晴天，心情就会很好；发现外面是阴天，心情就会有些郁闷。晴天和阴天就如同人的积极心态和消极心态。

拥有积极心态的人和拥有消极心态的人都有强大的气场，但是一个是正气场，一个是负气场。正气场有吸引力，而负气场有排斥力。

田华是"富二代"的时候，有强大的正气场（虽然是以金钱为后盾的）。等他变成"穷二代"的时候，内心消极，他强大的正气场就变成了负气场，大家就离开了他。他重整旗鼓的时候，负气场又转化成了正气场，大家又重新向他靠拢。

人们总喜欢积极向上的气场，讨厌消极的气场。所以，享乐型人格的人修炼气场的时候，要如同修炼易筋经一样，刚柔并济。人生不可能一帆风顺，总有受挫折的时候，多把自己积极的一面展示给他人。在困难面前不低头，敢于面对，爆发自己的正气场。

另外，人总要往前看，给自己定个目标，不管周围的环境怎样，都不要放弃，那种坚忍不拔也会转化成强大的气场。沉溺于过去，只会变成消极的负气场，赶走你身边的朋友。

【迷津点拨】

人生总归是要不断前进的，但偶尔回头看看来时的路，总会别有一番滋味在心头。但我们又不是机器，难免会有疲倦感。有时候人生就像一个圆，我们在途中走走停停，这本身就是一种人生。

如果你注意观察一只昆虫的一天，就会发现它不断地走很多冤枉路，在不断的探索中才能最终找到食物。这其实很像我们的一生，绕了很多的圈，才最终找到自己的定位。很多人试图去寻找捷径，但即使找到了所谓的捷径，他的人生也会进入一个新的圆，一样会花很多的精力走很多的弯路。

但不论何时，都不要放弃希望，都要乐观地面对人生。当你一无所有时，你可以选择破罐子破摔、虚掷青春，回味着从前的荣耀，因为你有安慰自己的理由。但同样你也可以像个大冒险家一样，面对一个全新的世界，哪怕是一块以前从未吃过的廉价面包，这不也是一种新的尝试吗？

你可能一顿饭吃进去半个月的工资，也可能因为买一个包包欠下卡债，开支三天乐往往说的是不懂节制的享乐型。上半月你活得像爷，吃穿行那叫一个讲究；下半月你活得就是孙子，勒紧裤腰带开口闭口就是没钱。

这种生活方式势必会给他人一种不稳定的感觉，因为你的气场本身就是冲突而杂乱的。试想一个连自己都照顾不好的人，如何让别人放心？

所以享乐型的人要注意量入为出，让自己告别人见人"哎"的月光族！

三、你是潮牌王，也是败家子

【追求最IN，月月花光】

"身上鼓鼓，荷包瘪瘪。"这是享乐型最大的特点。亲爱的，千万别笑，回想一下，你有多久没去银行储蓄了？而刷卡、签字却是手到擒来，跟明星签名似的那般从容、洒脱。

你有最潮的新款电子产品、最新款的名牌服饰、3C产品更是如数家珍般，无论是吃的、玩的、用的、穿的，你都从不委屈自己，那么生活也就只能委屈你的荷包和银行卡了。

可能你的银行卡压根就没超过过五位数，我并非嘲笑你的赚钱能力，可能你的月薪都已经过五位数了，但高昂的生活开销让你总是紧紧巴巴地度过月末。

这种生活品质已经让你负债或成为卡奴。"明天的钱，今天去花。"这难道是一种对的观念吗？老一代的观念是"今天的钱，明天去花"。请不要嘲笑这种传统本分的理财方式，想想你一直住的房子，想想日后生活的一切费用吧，有多少你自己能承担？对于大众来说一定是很少的那一部分。一套房子、一台车、整套装修、家具，这些都得从你眼中那保守的储蓄方式支出，你还不屑这种勤俭节约的生活方式吗？还是说在三四十年之后，当你的孩子娶妻生子时，你留给他的是一张张巨额亏空的信用卡债，以及一堆已经过时的负资产？

【翻翻你的衣柜、抽屉，瞧瞧自己多浪费】

女生都有收拾小零碎东西的习惯，看见喜欢的东西总会买回来，只是想着以后可能会用，但是从来没有想过也可能一直不用。所以不论是她们的抽屉里还是小包包里，都是满满的。让她们扔掉其中一些，她们却又像宝贝一样舍不得丢掉。

如果说收集东西是女生的专属，那也未必，享乐型人格的人不论男女都有收集东西的习惯。而且他们看见喜欢的东西不论多贵都会买回来，可以说是十足的败家女或者败家男。唐红就是一个十足的享乐型败家女。

听说KENZO香水又出了新款，唐红立刻拉着好姐妹去商场专柜看。香水她很喜欢，就让柜台小姐包装起来。姐妹立刻说："阿红，你上周不是新买了香奈儿新款香水吗？怎么又要买香水了。"

"喜欢的东西就要买下来，错过了多可惜。"

"那你下半月吃馒头咸菜的时候，不要找我。"

唐红笑笑，她知道朋友的意思。买完这款香水，这个月就只剩下300块钱的生活费了，她不是没有考虑到这个问题，但是对她来说，香水更有吸引力。

回家的路上，唐红又看中了一件衣服，于是又花了100元买下来。朋友阻止她说她已经有了类似款的衣服，不须要再买了，但她还是坚持买了下来。

等唐红心满意足回到家，把新买的KENZO香水放在化妆品的架子上的时候，那里已经堆得满满的了。为了放下这瓶香水，她不得不从架子上撤下一款叫做"玫瑰夫人"的香水，然后放到抽屉里。这时唐红发现，自己已经拥有十几瓶香水了，而且每瓶都没用多少。

唐红试穿了新买的衣服，觉得并不如她想象中的好看，于是把衣服叠好，塞进了衣柜（因为衣柜太满，只能塞，而不是放）。后来这款衣服再没有了重见天日的机会。

一次，朋友来她家做客，无意间拉开了她的抽屉。看见里面满满的东西。很多东西朋友都没见唐红用过，还有一部分过期了的东西。朋友跟她说抽屉这么满，乱七八糟的东西这么多，要好好收拾一下，扔掉一些不必要的东西。唐红觉得有理，就和朋友一起收拾起抽屉来，结果收拾出两大塑料袋没用的东西。连她自己都惊异自己为什么会买来这么多没用的东西，这些东西家里都有了，自己还买，真是浪费。朋友则在一旁数落她败家。

收拾完东西后，朋友问："阿红，你上次说淘了一件衣服。怎么没穿出来啊。"唐红想了半天才想起来，于是拉开衣柜，在一大堆衣服中寻找到了那一件，然后拿给朋友看。朋友看看说："这种款式的衣服你不是有吗？干吗还要买？"

"我喜欢它的颜色啊。"

朋友转头看她的衣柜，又是和抽屉一样。

唐红说："我这衣柜也得清理下了，很多衣服买了就没穿过。"

于是朋友和她收拾衣柜，又收拾出一堆唐红不愿意再要的衣服，很多只穿过一两次的衣服就因为过时或者某种原因被唐红打入了"冷宫"。

"你也不怎么穿，当初干吗买这么多啊？"

"我就是看着喜欢，就买了，结果到家就不喜欢了。"唐红皱眉，然后又笑着说，"反正也不要了，操心它做什么。"

朋友无奈地看着她，心里感叹道："哎，真是个十足的败家女。"

【气场修炼方略】

"月月光，心不慌"这是月光族的口头禅。享乐型人格的人从来不会因为工资月光而苦恼，他们是月光族大军的主力。他们觉得人生就该"及时行乐"，至于其他的，都统统排在后面。

跟享乐型的人在一起，不会感觉到不快乐，而且会觉得他们很潮。新潮的东西一出来，他们总会第一时间知道并且得到。最新的手机、MP3、电器总能在他们那里找到。但是他们的存款几乎为零。和他们在一起虽然快乐，但也深刻地感觉到两个字——"败家"！

"败家"所带来的是朋友对其在金钱方面的不信任。所以当享乐型人跟朋友借钱的时候，那就是很大的问题了，朋友第一个考虑就是不要借给他们，因为他们没有积蓄，还钱常常拖后。

享乐型人格的人想提升自己的气场就要提升自己的信任度，用积蓄来提升自己的信任度。做到该花的钱花，不该花的钱尽量不花（让他们做到绝对不花简直是开玩笑）。不要说太俗，金钱是一种坚实的物质基础，对于享乐型的人来说，也是气场变强大的必备因素，也就是说金钱是强大气场的资本。

"财大气粗"说的也就是金钱在气场方面的作用，享乐型的人要想"气粗"，就先得"财大"。积蓄也需要天长日久的坚持，这样积蓄多了，气场也会慢慢提升。

所以要提升自己的气场，先修炼攒钱的功夫吧。跟不需要的东西说再见！

【迷津点拨】

财富是气场的要素之一，它可以让你底气更足，在人群中更具有话语权。这也是为什么一些暴发户凡事都喜欢吆五喝六。说实话，很多人并不反感这种傲慢，因为他们有傲慢的资本，只不过行为方式不当。其实大家没有资格来抨击他们，因为钱是他们自己赚来的，不是大风刮来的，所以他们有资格支配自己的财富。再说，现在很多富有的人做慈善扶持更多需要帮助的人。

人们整日奔波辛苦皆为名利。生活中总有那么一部分仇富的人，一看到别人买跑车或者奢侈品，眼睛就红得跟兔子一样，用舆论抨击、谩骂、口诛笔伐对方，甚至还大义凛然、一身正气，将自己塑造成正义的使者，而将别人妖魔化、丑陋化。

其实这是一种特别苍白无力的反击，因为根本没有任何的实质意义可言，换来的只是对方的不屑一顾，甚至对手都懒得给予回击。

我们真正能做的就是放平心态。"他强任他强，他狂任他狂。"多将眼光对着自己，年轻时多考虑一下未来的路怎么走，多想想自己的第一桶金从哪里捞，多看一些对日后有用的书，丰富自己的精神财富。

当拥有财富之后，在不断的要素筹码堆积之下，你早已经拥有了强大的气场。

四、创意无处不在，现实一无所有

【如何将创意灵感变成物质钞票？】

这是一个困扰大众许久的问题，尤其针对于享乐型人脑中那千奇百怪的鬼点子。享乐型人的天赋在于跳跃性思维，他们脑中常常浮现天马行空的画面，非常具有创意、创新力。

但这些灵光一现的创意往往胎死腹中，很少有真正实现的，所以这不能不视为一件憾事。明明那么好的创意，缘何最终没有成为现实呢？

这便是享乐型人最大的缺陷之一，没有耐心。他们常常是三天半热血，三天半之后又拥有了新的想法，就像熊瞎子掰苞米，掰一棒扔一棒，所以到最后什么都没留下，而这正是享乐型人最真实的写照。

九型人格中，爱好最广泛的就是享乐型人格的人了。不过他们可不是"十八般武艺样样精通"，而是像巩汉林小品里说的"样样稀松"。对于任何事情，他们都会想象得很好，他们总是不停地追求新鲜刺激的东西，总有完不成的事情，空带一腔热情。所以，他们接触过很多东西，但是很少有深入发展的。

【做什么都别总是业余水准】

萧强就是这样的人。他涉猎很广，别人说什么他都能上去说两句，但是一旦深谈，他就没了词。遇到这样的情况，他一般不会郁闷，而是别人深度谈话的时候，他脑子里幻想着另一件事情。当然，有时候他也会为自已插不上话郁闷，这时候，他想的就是赶快回家恶补谈话内容的知识。等到了家，他就把这件事忘记了，想的是另外一件事。即使想起了，拿着书本看两天那方面的资料，就会又扔下去研究另一件事了。别人总是说萧强做事虎头蛇尾，他也不介意。

萧强大学毕业后，做的最雷人的事情莫过于七天换了八份工作，这让人大跌眼镜，甚至跌破眼镜。最强的是在一天之间他换了两家公司，说感觉环境不合适。最后一份工作，他终于觉得满意一些（也只是暂时满意）。

他最初在公司里做文案，做了两个月后，就对策划有了兴趣。他跟部门经理说想调到策划部去，经理考虑了一下，表示同意。可是做了三个月的策划后，他又对设计开始感兴趣，又要求调到设计部去。这次，他的运气没有上次那么好了，部门经理因为其不断调动部门而生气，一纸解聘书辞退了他。

这让萧强郁闷了几分钟，然后他不以为意地离开了公司。随后又开始往各大公司发简历，找新的工作。新的工作很快找到了，可是四个月之后，他又失业了。就这样，在周而复始的跌跌撞撞中，几年过去了。再碰到往昔的同事时，人家已经做到了公司的总经理，萧强在为其高兴的时候，内心也有一些失落。因为自己几年来一事无成，而且还没有一个稳定的目标。

大家一起吃饭的时候，一个和萧强关系好的哥们儿说："强子，你都这么大了，也该有个明确的职业方向啦，总是这么跳来跳去也不好啊，哪个公司敢用你。刚把你培养顺手，你跑了，人家脑子被驴踢了啊，用你这样不稳定的人。你现在最先要做到的就是稳定，你想，在一个行业里干10年，傻子都能成为这行的精英……"

哥们儿后面的话萧强没有听进去，但是前面的话却让他醒悟了。他终于知道自己一事无成的原因就是"十八般武艺样样业余"，没有一样深入的。做事的时候，只是想得特别好，真正做的时候，屁股还没坐热就去干下一件事了。确实，这个毛病真的该改改了，否则，他永远不能有稳定的工作，CEO什么的更是谈不上，最后只能看着别人来句："神马都是浮云啊！"

【气场修炼方略】

对于享乐型人格的人来说，"人生得意须尽欢"这句话最合适他们。他们的理想可以说五花八门，应有尽有，别人想不出来的，他们脑子里是创意多多，但是他们的创意往往没有付诸实践就夭折了。他们想法很多，却实现不了的原因是什么呢？很多人说是没有耐心，但是往更深处说，是主观意愿太弱。坦白说，愿望太弱跟没有愿望是一样的。如果你有一个强烈的愿望，你一定就会千方百计地去实现它。

就好像一个小孩看上了一件玩具，家长不给买，小孩子就会大哭大闹，躺在地上撒泼，抱着柜台不肯走，直到家长掏钱买下这件玩具，小孩子才会停止哭泣，捧着玩具笑。对于小孩子来说，得到玩具就是他们强烈的愿望，得不到就绝对不肯和家人妥协。

我们知道，成功人士的气场都非常强大。他们气场强大的原因很多，但是少不了一个原因，就是强烈的愿望，他们会为了这个愿望不懈奋斗。强烈的愿望会让人全身心投入到某件事中去，从而早日取得成功。享乐型人格的人缺少的就是强烈的愿望，他们的愿望总是被新的东西截断。

那么该如何培养享乐型人强烈的愿望呢？就是"重复"，让他们在心里不停地重复某个愿望。

我们都知道，很多东西不停地重复，就成了约定俗成的东西。一个人说街上有老虎，大家都觉得荒谬；如果两个人说有，那么就会有部分人信；如果三个人说有，那么估计大家都相信那是真的。

所以，"重复"可以不断强化人的愿望，把愿望刻入人的潜意识里。很多人床头贴着励志铭鼓励鞭策自己，最终走向成功。这就是"重复"的效果，提升气场也须要将自己的愿望不断重复。科学显示：一件事重复21天就会形成初步习惯，重复90天就形成固定习惯。所以，只要把你的愿望重复90天，愿望就会变得强大，你就会克服愿望太弱的习惯。当愿望变成你身心的一部分，你就会全身心地投入某件事，气场也会随之提升。

所以享乐型人格的人要修炼气场，把自己的愿望不断重复是必不可少的。记得，每天一定要将愿望重复，气场的提升便指日可待。

【迷津点拨】

我们要让"理想照进现实"，给自己成功划分阶段。小阶段目标很容易实现，就如同摆在你面前的食物，你唾手可得，所以，只要你向前努力一小步便可吃到嘴里。反之，将理想定位得十分遥远的话，就没有成就感，对自己会丧失信心，长此以往，便会有疲惫感，这皆是因为你将目标定得太远了。

享乐型的人对自己的愿望不够强烈，这缘于对自己不够确定，气场自然也就不够强大。这时候我们就需要确定目标，在做好自己本职工作的同时，从今天开始定下本年计划，一步一步地去实现。

让自己在人生中多一点企图心，多一点自己规定好的目标，这样给他人的感觉就更为有干劲，气场自然而来。

五、生活需要你看到一些现实本质

【你是快乐的兔子，还是执著的乌龟？】

享乐型的人在生活中就像一只活蹦乱跳的兔子，时常会因为一些小事而满足，致使自己止步不前。而生活中那些光鲜亮丽的名人却往往更像是一直前进的乌龟，未成名时固执地坚持愚公移山，直到有一天，迎来春天，功成名就。

生活就像是一场龟兔赛跑，有的人背负着沉重的壳在与时间赛跑，而有的人会因为一些小小成绩、小小成就而扬扬自得，满足于此。

乌龟身上沉重的壳更容易让其看清现实，在现实不断的鞭策下，它要一步一步地持续走下去，因为它知道自己如果不继续走下去，倒下去的话，便再也站不起来。

相反兔子则因为负担相对小，生活自然会更快乐一点，想吃就吃，想睡就睡，座右铭：生活就是每天睡到自然醒。这样的人生态度无可非议，不过当现实生活变成每个人都在前进时，你的安于现状就变成了不进则退。

所以，当有一天享乐型的人忽然发现大家都变了时，也要适时地反省一下自己，大家都变了这是事实，只有你没变这才是问题的关键。

"看看镜子中的自己，还要虚掷青春多久？"怀念曾经的自己吗？那个靠着小聪明便可蒙混过关的少年，那个总是被老师夸奖、人人喜爱的孩子。还会记得父母期许的目光吗？那笑眯眯的眼中满是对你的骄傲与自豪。可从什么时候开始，你的父母眼中出现了忧虑与无奈呢？也许从很久以前就开始了，也许他们只能无声地叹息，而后两鬓斑白的父亲抽着香烟，无奈地摇摇头，不安地睡下了。

而这些可能都是你不知道的，或者早已遗忘的。因为你不会看到，母亲在你放纵青春时在夜里偷偷地流泪，也不会看到父亲在无数个夜里为你的未来而苦苦思索，他们只能更加拼命地去努力赚钱，以让你日后活得好一点，尽量在生前给你留下多一点的财富，才能让你即使一事无成也有口饭吃。

也许他们并不喜欢阿谀奉承别人，即使是你眼中一辈子不曾低头的父亲，也可能因为你的工作而热脸贴别人的冷屁股。"因为自己的孩子没什么能耐，小时候贪玩都怪自己管教不好，把本来挺聪明的孩子耽误了。都是我们的错，不怪孩子。"这样的话，可能父母已经对别人说过很多次了。而你还会对安排的工作挑三拣四，抱怨着这份求来的工作太无聊、太累、薪水太少之类的。

其实我们每个人的家庭本不穷，而是因为有了我、养育我之后家庭才穷的。所以，当以后再以"我家穷"为抱怨社会的理由时，不妨直接一点地说"我很穷"。

【他们都变得现实了，他们都变得势利了】

李勇，特别爱玩游戏，可以说是从小玩到大的。当初身边很多人都很喜欢玩游戏，迷得那叫一个昏天暗地。有一款游戏，大家一起玩了很多年，并且乐此不疲。但青春总是一纵而过，大家很快便长大了。曾经欢聚一堂在网吧拼杀的五人组再也聚不齐了。

李勇最好的朋友在一家文化公司，每天除了工作就是看书、睡觉，忙得团团转，根本没心思再玩游戏。另一个朋友去了广州，在那边开了家公司，忙得几年都没空回老家。还有一个朋友去了政府部门，负责城市路面美化，天天在外面风吹雨淋，整个变成了"非洲小白脸"。另外一个朋友在本地当起了出租车司机，接过父亲的衣钵，开始了为人民服务。

唯独李勇，依然沉迷在游戏世界里，大家不陪他玩了，他便在游戏里认识新的朋友。再见面时，大家聊了很多新的东西，比如说车、品牌、美食之类的，唯独少了游戏这一块。当李勇热血澎湃地谈论起最近的新游戏时，其他几个人都坦言很久不玩游戏了，并且拒绝了朋友聚首再战江湖的想法。

聚会后大家都争着抢着埋单，唯独李勇坐在那里默默地看着，那一天几个人消费很多，大家明里暗里的都没让他埋单。

他在喝多后，说大家都变了，变得现实也变得势利了。

偶尔李勇会想这样一个问题："究竟是他们都变了，还是因为我没变？"

【气场修炼方略】

菲尔博士曾经在拥挤的课堂上做过一个猜纸牌的小游戏。让参加游戏的人精神高度集中，从打乱的纸牌中选出自己想要的那一张牌。让人惊讶的是，其中40%的人找到了自己想要的那张牌。有人认为这是运气，更恰当地说应该是气场。现在人的信仰很多，有人信上帝，有人信佛，有人信宿命，还有人信"春哥"，但是想改变你的人生，就要信气场。

气场很玄妙，看不见摸不着，但是如果你信它，它就会让命运之神给你特殊的关照。国外有部电影叫做 *Just My Luck*，里面两个主角的不同境遇就是取决于他们自身的气场。对好运气的渴望和倒霉心态的暗示决定了两个人命运的不同。

所以，每个人的命运就跟他内心的渴望有关。当初的两分之差变成了现在的人生距离。人与人的差距就在于内心的渴望是否强大。

众所周知，胸无大志的人一辈子平淡如斯，而一个渴望成大事的人，实现理想的概率比胸无大志的人大得多。对于享乐型的人来说，他们的任何愿望都是三天半新鲜，过去了就没有了，没有一个专一的愿望。所以，他们想要修炼自己的气场，就该"把每天当成末日来珍惜"。

抽个时间，把自己想做的事情列个清单，看看自己还有多少没有做。一般享乐型的人列出的清单项目估计会多得把自己吓一跳。然后看看镜子，告诉自己不能再虚度青春了，还有这么多事情没有完成。今日事今日毕，绝对不要拖到明天，明天就是末日，做不完就永远做不完了。当然，你做的这些事一定要朝着一个目标发展（一个强大的目标，比如成为一个大富翁），这样你就能高度集中地奔着一个目标去。一个人的精神高度集中去做某件事，就会把其周围适合这件事的条件吸引过来，然后促使其去完成这件事情，这就是气场强大的吸引力。本质上，它是一种基于同类相吸、同频共振的科学原理。

所以，享乐型人格的人修炼气场，就要把休闲的时间利用起来做有用的事情，朝着一个目标发展，要用强烈的渴望爆发出自身的潜力，这样，气场自然会形成。你自己不会感觉到，但是别人却可以感觉到。

【迷津点拨】

享乐型的人更像一只有非凡天赋的兔子，徒有天赋却不加利用，在生活中讲究随性而为。他们稍有一些成绩不可否认，但这些成绩多半是靠天赋使然，而并非通过刻苦的努力。

所以，享乐型的人给别人的气场更像是玩性很大的孩子，也许别人对他们的评价很高，不过缺乏事业心讲究随心所欲的他们让人缺少信赖感以及安全感。

他们永远不会表达出舍我其谁的霸气，在生活中也很少能说服他人，这是一种气场缺乏的表现。缺少征服力的享乐型，气场十分弱小，从内心上使别人对他们不够重视。

那么如何改变呢？如何让自己的气场强大起来呢？

　　首先需要认真思索一下，找到自己的天赋，综合评价自己的优势以及未来适合自己的职业方向，然后开始制定未来十年的发展规划。

　　可能他们会罗列出一大堆的目标，似乎很多东西都适合他们的发展前景。没关系，选择两个未来最适合自己的，而后一系列的目标都随之围绕，这样便有了明确的方向和目标。

　　给自己量身设计后，就要坚持背起这个厚重的壳，给自己增压后可能短期内看不出效果，不过长此以往，会给人踏实感和信赖感，在长久之后言谈举止会更加亲和而有深度，最终变成人见人爱的气场达人！

六、成事不足，败事有余

【不缺乏激情，但缺少恒心】

享乐型的人永远充满激情，因为他的脑中总是不缺少新的东西、新的创意。不过，也因为他们的大脑太过发达，想法太多，往往让他们还未来得及实现便有新的想法跳入大脑。

他们就像追蝴蝶的小猫，看到一只黑蝴蝶，追着跑。在追逐中又看到了另一只花蝴蝶，比这只更漂亮，所以转头去追逐花蝴蝶。忽然间不远处有一只比之前大两倍的蝴蝶闯入他们的视线，他们兴奋地赶忙跑去。直到最后，他们发现其实自己没有抓到一只蝴蝶。

蝴蝶就像梦想一样，很跳跃，是需要不断追逐的，需要像夸父追太阳一样的执著，这样才能将它牢牢地攥在手里。就如网络戏言："夸父追的不是太阳，而是理想。"

也许只有这样，才可以成功地实现理想。人生要立长志，而不是常立志。这是成功者和失败者最大的区别。

小时候大家都看过龟兔赛跑的故事，但小时候总是弄不懂，为什么兔子会失败，长大以后才幡然醒悟。理想就如同乌龟的壳，它很重。乌龟只有不断向前走才可以不被拖垮，这是一种惯性原理。乌龟只能向前走，一旦偷懒它便会倒下，可能因为这个厚重的壳便再也站不起来了，所以压力在乌龟身上转化成了动力，而最终取得了胜利。

反观兔子便不尽相同，它没有任何的思想包袱，想做什么就可以做什么，随心所欲，并且天赋明显。假如说兔子跑1小时的距离够乌龟爬8小时，但兔子跑完1小时后却选择休息，一睡便是8小时，则正好抵消了乌龟和兔子的差距。所以最终乌龟赢了，兔子赢的是起始时那1小时的路程。

也许忽然有天你会发现，曾经比你笨、被你嘲笑和看不起的人现在西装革履，而你却衣着寒酸，还穿着两年前买的旧衣服。

亲爱的朋友，你该好好想想了！

【今朝有酒今朝醉，管他明天谁打谁】

皮特是菲尔博士的一名朋友，他算是一个标准的"富二代"，家族做皮革生意。不过皮特明显是一位叛逆的年轻人，他视金钱为粪土，觉得华尔街的那些人十分可耻，就像老鼠一样让他厌恶。他年轻时时常唾弃那些在银行上班的人，因为即使离得很远他都可以在他们身上嗅到铜臭味，看着他们西装革履的样子，他就不想与他们打交道。

不过叛逆的皮特很快走到了绝路，18岁时他的父母忽然停止给他经济资助，这让皮特的钱包不再充裕，那张可以无限刷的信用卡也被冻结了。

他整天游手好闲，不是跟朋友喝酒，就是举行狂欢派对。很快他的银子彻底花光了，他迫不得已只能选择回家。

让皮特愤怒的是，他敲门回家时，哥哥看到邋里邋遢的他时，竟然不开门。皮特十分生气，对哥哥破口大骂，不过哥哥却冷笑着对他说："小皮特，你应该学会如何做人，而不是一只在落魄时才夹着尾巴回家的流浪狗。还有，我们家族永远不会养闲人，这是父亲让我转告你的。"

这简直是皮特一生最大的侮辱，他开着自己的跑车离开了，油箱里的表显示快没油了。他找到一家二手车店，将自己的跑车换成了钞票。

接下来的日子，皮特开始发愤图强，他像当初那些他瞧不起的人一样，开始投机倒把。这段时间冻橙汁热销，他就趁机进一批，过段时间牛肉降价他就扣一批牛肉。凭借着自身的经商才华，他很快积累下一笔存款。

一年之后，他西装革履地回到家，这一次他是来与父亲和家人告别的，他即将去亚洲淘金，机票已经订好。他诚恳地感谢自己的家人以及父亲的教诲，如果不是当初哥哥将自己骂醒，也许今天他已经在监狱中了。

5年后当他再次踏上回家的路时，他已经是一名千万富翁。

【气场修炼方略】

假如当初没有家人给予的刺激，也许没有今日的皮特，正如一句当代很流行的俗话："人都是被逼出来的。"是的，享乐型的皮特是一位浪荡公子，清高且叛逆。他当初肆无忌惮地挥霍，却从不考虑这些钞票是如何赚来的。

很多享乐型的人都是这样，很多时候花钱是不经过大脑的，对于消费有一种陶醉感，常常沉迷其中。一旦清醒时，才发现自己已经透支了这个月的收入。

其实享乐型并不比其他类型差，相反天赋异禀，常常有许多能赚到钱的好点子，不过因为过于怕麻烦，而往往错过机会。

发明曲别针的人，就是一个典型的享乐型人。他拿着产品去申请专利，因为需要等待，他有些不耐烦，这时候旁边的人对他的产品产生了兴趣，问他这个专利想卖多少钱。他想了想，"一壶酒钱"。对方愣了一下，从钱包里抽出10元钱，他立刻将那枚价值千金的曲别针递给对方，拿着钞票走了。这便是典型的享乐型思维，殊不知那位买家通过曲别针在日后赚到了千万身家。

享乐型人要提升气场，需要培养长远眼光，就如同宋丹丹的小品说的："想过去，看今朝，我此起彼伏。"享乐型人缺少的就是这种此起彼伏，他们很少想过去，只是看今朝，并且只看今朝的快乐，快乐大于一切，一般的事情因为排在了后面，所以会忘记。

想要不忘记，就自己随身带个小本，把今天要做的记下来。到了晚上睡觉前，翻开本子看看，哪件事情没有做，必须马上去做（不要推到明天）。久而久之，就培养出了严谨的生活态度。

严谨的生活态度加上懂得享受的心态，是可以爆发出非常强大的气场的。一个懂得生活并且能把事情处理好的人，是非常有吸引力的。收敛了玩性的享乐型人不仅仅是娱乐的赢家，也是生活中的赢家。而这强大的气场，需要的就是一个本子、一支笔。

【迷津点拨】

享乐型人的气场并不强大，不过他们弱小的气场大部分属于亲和力，这是难能可贵的。也就是说，虽然他们十分关注享乐，不过人缘很好，大家都会愿意和他们在一起，因为他们通常很有趣，有很多新的点子和玩法。

弱小的气场明显是不能成大事的。别人喜欢与享乐型人交往固然是好，但是享乐型人如果过于贪图享乐，那么时间长了身边的朋友难免会沦落为酒肉朋友，就如同皮特。不要总是走到退无可退时，才想到绝处逢生，并不是每个人都会幸运地成为皮特，有时候会为时已晚。

享乐型的人有时候会缺少自信，所以很难形成影响他人的气场，因为他们平时比较懒。他们可能脑袋中有很多天马行空的创意，但终究因为不够努力而让大好机会付之东流，这是十分遗憾的。

所以，享乐型的人要增强气场，首先要先努力起来，在不断的努力中认同自己，做最棒的自己、气场最强的自己。

第八章　权威型气场绝学

权威型的人通常都是强硬派，是行动和姿态都非常强势的人，他们追求权力，讲求实力，凡事不求人，喜欢直来直去，总是直奔主题而不喜欢兜圈子。他们往往肩负重大的职责，具有强烈的权力支配欲，有领导者的勇敢、威严和魄力，也有领导者应该有的正义感。他们注重责任，凡事有始有终，善于迎难而上，所以大多数能闯出一番属于自己的事业，并设法不断地巩固和发展。但他们不仅仅是工作卖力，玩乐也很卖力。

权威型人关注弱势群体，热衷于鼓励别人提升自身个人力量，但不允许别人对自己的决定提出质疑或反对，可以说他们是以自我为中心的人，惯于逼迫别人照着自己的意愿和原则行事，做人十分具有攻击性。所以，他们在生活中常常会表露出傲慢和距离感，让人难以亲近，甚至会成为众矢之的。他们的气场通常是强大的，不过却是负极的压制力，这是所有气场中最为可怕的。为了扭转这种负面的气场效应，权威型人在气场修炼过程中要特别注重增强吸引力。

一、提高亲和力。

1. 学会与别人寒暄，经常沟通。例如，"今天的衣服很好看""最近有什么好看的电影""你的屏保很特别啊"等生活化的话题。

2. 耐心专注地倾听别人的意见。

3. 善于问候每一个人，即使对方只是小人物。

二、身体修炼，让自己不再咄咄逼人。

1．眼睛是发射气场的指针。倾听时，望着对方的眼睛，让对方感受到你的尊重和关心。

2．手能够传达气势。握手时一定要把感情握进去，让指尖完全接触到掌面，再有力度地抖动，整个过程都生机勃勃，以表达你的真诚。

三、心灵练习。

心灵决定气场，罗列心灵清单（例如节制欲望、心胸开阔、勤奋努力），选择其中积极的、有亲和力的内容加以练习，并持之以恒。或者树立一个榜样，按榜样的方向训练自己的心灵。

四、学会示弱，减弱自己的身体气场。

1．收缩肩膀，放松小腹，稍微弯腰。

2．改变视线方向，不要总是直视。

3．尽量不要主动发表自己的意见，即使要说，也不要太绝对。

五、观想和冥想。

练习打坐，通过冥想获得深度的宁静。

六、音乐对平衡气场十分有益。

选择一张自己喜欢的宗教或古典音乐专辑，在音乐中舒缓情绪，清洁气场中的负面能量。

心有多大，事业就能有多大。这句话对于具有超强领导欲、支配欲、渴望着事业成功的权威型人来说显得尤为重要。这个心"大"，容得下不同的意见，就是要容得下不同性格的人在自己身边。当通过对以上方法的不断实践之后，权威型人会发现越来越多的人不再对他们敬而远之，他们的盛气凌人的权威型气场已经具有了超强的凝聚力，成功已经在向他们招手。

一、人生可以强势，但别对他人太强硬

【自恃强者风范，实乃弱者心理】

老虎在森林里捕捉各种野兽当食物。一天，他捉到一只狐狸，狐狸对老虎说："你不敢吃我，上天派我做群兽的领袖，如果你吃掉我，就违背了上天的命令。你如果不相信，我在前面走，你跟在我的后面，看看群兽见了我，有哪一个敢不逃跑的。"老虎信以为真，就和狐狸同行。群兽见了老虎，纷纷逃跑。老虎不明白群兽是害怕自己才逃跑的，却以为是害怕狐狸。

这是小时候大家都听过的一个成语小故事：狐假虎威。可能此刻的你有点不解，或者扬扬得意的心中浮起权威型人天生的优越感。

其实，生活中权威型人只有很少数被视为老虎，而更多的权威型人则像狐狸。简单来说就是，他们有老虎的影子，但真实的形象却是狐狸。

这听起来有点奇怪，但现实就是这样。想一想，生活中真正的"老虎"是那种只要他站在这里，你浑身便会有压迫感、会不自觉地紧张。就像成语故事里的大王，它什么都没有说只是站在狐狸身后走，百兽就会惧怕、就会低头表示问候。

权威型人请想想你自己，你的生活中有过这种情况吗？那种不怒自威让别人心甘情愿俯首称臣的情形？一定是没有的，所以你只是一只作威作福的狐狸。

在团体中，也许你会因为是头领而自鸣得意，但真实的情况可能是大家让着你，或者有的人不屑与你去争。你是集体中的领头，大家都听你的号令，但你不一定是核心。

可能你不会了解这是为什么，因为真正的强者不与人争，却能让他人心悦诚服地辅佐他，是以德服人的。而永远以武力、为人强势、用计策排挤别人来解决一切的人往往是伪强者。

举一个最简单的例子，迈克尔·乔丹被誉为篮球界的神，手握六枚总冠军戒指。科比虽然传承了他的飘逸球风，而且五枚总冠军戒指在手，但依然被斥为伪神。因为前者一直在创造历史、奇迹，从来不需要证明什么；而后者则一直穷追不舍，总是想用行动去证明、超越前者。

其实，真正的强者不需要任何证明。

【他们总是说我喜欢独揽大权】

张洋因为在大学中积攒下来的人脉，平日里在网络上又爱聊天，所以积累了不少资源。因此，他大学毕业后最终说服几名同学一起掏钱开了一家淘宝店，主营服装，几个人一人出资2000元，交由另外一位同学保管。

理想永远都是美好而简单的，而真正做起来时却是困难重重。首先张洋要先找货源，他跑遍了整个城市，最终挑出几家服装质量不错价格又便宜的店。因为网店的营销方式相对成本低，不需要交租，只要拿到服装样品，拍成照片然后传到网络上即可。

其间他找了自己的朋友当模特，邀请一位学过拍摄的朋友当摄影师，不过拍出的照片的效果并不好。原因很多，比如采光不够、灯光太暗等，后经朋友建议，他又去买了暖灯以及反光板等摄影道具，这时同学拨下来的资金早已花光，这前前后后张洋又自费花了1000多元。

第一次做服装，张洋对服装的价格和眼光都拿捏得不准。经过PS处理后衣服的照片终于挂到了网上，不过因为进货的价格较贵，再加上服装并不起眼，买家寥寥无几。

小店的网络信誉低廉，导致即使有网友想买也会十分犹豫。正巧这时候有"刷钻"这一行当，张洋提议找网络公司刷钻，这样信誉保证了，小店生意自然就会一点一点火起来。

不过刷钻的价格可不低，一颗钻需要1000元，合作伙伴们觉得平白无故给对方汇款，如果被骗了怎么办，风险太大。张洋十分生气，质问他们："你们对这家店投入了多少？做了什么？所有的一切都是我在做，你们找工作的找工作、上班的上班。"这一番话说得伙伴们哑口无言，网络会议就这么中断了，几名同学都下线了。

几名伙伴商议决定暂时先放一放网店的事情，等到货源稳定、摸清网店这"水"到底有多深后再做投入。张洋看着自己的淘宝店的人气越来越低，最后到无人问津的地步，却只能坐以待毙。

当初的团队最终产生分歧，张洋引咎辞职。后来网店在几个伙伴的打理下，越做越好。他们任务分工明确，有问题大家相互交流，而非听一人之见。

听听当初的同伴们是怎么评价张洋的，"张洋的性格太过张扬，在哪里都十分高调，开店时凡事不跟大家商量，大包大揽地自己做，过于个人主义。""他确实做了很多事情，但假如所有的事情他都做了，那我们做什么？我们只能做自己的事。""他是团队中的不安因素，只有选择听他的，没别的选择。"

【气场修炼方略】

做人往往不能太强势。你强势，总有比你更强势的人。不是他们的能力比你好多少，而是他们的权力比你大，这就是别人比你强势的理由。

在九型人格中，权威型人格的人的气场是最强大的，他们的强势让人敬畏，但是也让人产生排斥心理，没有人会一味地顺从。你是雄狮，但别人不一定是绵羊，好男儿能屈能伸，君子报仇十年不晚，强势的权威型只有学会示弱才能让自己在生活中如鱼得水。

想要把别人的逆反心理转化成彻底的敬畏，就要把自己的气场压迫支配别人的部分弱化一下。那么如何弱化呢？

权威型人格的人气场都比较刚直强硬，所以要像修炼"葵花宝典"一样修炼自己的气场。葵花宝典秘籍中有："天地可逆转，人亦有男女互化之道，此中之道"，意思就是把自己的刚强柔和一下，不要去硬碰硬。

遇到事情的时候，不要过分看重，别抱着控制和支配别人的想法去做事，别人发表的意见和自己不同，只要不触及自己底线，无须强烈反对。对于小事情不要在意，韬光养晦提高自己就行了。

对于他人，不要急于发表自己的看法，要学会不动声色。让别人对你保持着一种神秘感，这样，你刚强排斥的气场部分就变成阴柔吸引人的部分了。

做什么事始终记着，别用你的强势吓跑他人，做到光芒内敛。

【迷津点拨】

做人强势是一种人格魄力，会让你在人生的逆境中磨炼出气场，让别人欣赏你、喜欢你、不自觉地靠近你。因为你永不言败的精神会深深地影响到他人，当你敢于接受逆境，最终凭借信念绝境逢生时，别人会为自己的懦弱而愧疚，从而折服于你。

反之，过于强势则会让别人厌恶，因为你凡事力争，不能容忍他人一点小小的失误，这会让别人陷入尴尬。但人非圣贤，孰能无过？即使是聪明一世，也有糊涂一时的情况。

大家都会习惯性地容忍自己的错误、自己的缺点，而后安慰自己："小错误，下不为例就好了。"而强势的权威型人总会对此很轻视。但是当别人犯错时，他们却习惯性地直指要害，蛇打七寸不留一点情面。这势必会失去人心，让身边人十分受挫，甚至排斥他们。

所以，即使是强势的权威型人也要学会容忍，容忍别人的缺点，容忍别人的错误。让别人更加信任你、尊敬你，也方显出你容人的气度。多给别人一些机会，让别人对你钦佩有加，多些吸引力，这样才会广聚人脉，提升自己的气场。

二、生存不仅仅是弱肉强食

【"王者"与"霸者"的区别】

所谓王者是不战而屈人之兵者。所谓霸者是战而屠人之勇者。如果换作现代话来说，霸者是"走别人的路，让别人无路可走"，王者则是"走自己的路，让别人紧随其后"。霸者的气场是让别人畏惧的，使人害怕不敢稍有冒犯。而王者的气场则是亲民的、随和的，会让别人十分放松，并且心怀感激。

说到王者和霸者就不能不提到刘邦和项羽。两者可谓是最鲜明的例子。刘邦宽人律己，对待百姓和追随者十分慷慨，基本上有求必应，广施恩惠。多少次刘邦看着跟随自己的部队在水深火热之中，潸然泪下，发愤图强。你可以视他为一名门外汉，他甚至都不懂兵法、谋略，也未读过书，但他却懂一点——人心。得民心者得天下，这句被古人视为金科玉律的良言在刘邦身上得到了充分体现。

为何刘邦可以得天下？因为他是一个无欲无求的人，从当初起兵时就可以看出，他百般推辞最终只好领命。在很多时候，部下贪心或者贪图富贵，他都会很直接地给予对方，只要他有功绩。可以说，他是那种很能满足别人的人，而这种人通常都能成为王者。

无欲无求有时候也是最大的有欲有求，因为他的欲是百姓安居乐业，而非等闲之辈眼中的金银珠宝；他的求是统一国家，而不是绝世佳丽、奇珍异兽。假如天下都是刘家的了，他还会在乎那些碎金烂银吗？

这便是王者的气度，可以将天下装进自己的胸怀，时刻以其为己任。

反观霸王项羽，有此气度吗？因为敌将镇守城池，一怒之下屠城，一夜之间尸横遍野、血流成河。气量狭小导致人心涣散，进而落得势单力孤，"乌江自刎"。

【你有王者的野心，却缺少王者的气度】

秦风可以说是九品公司的传奇人物。他刚到九品公司的时候，公司因为经营管理不善，眼看就要倒闭了。秦风接下了这个烂摊子，开始大刀阔斧地改革，没出一年，就将公司从濒临倒闭的状态转变为年赢利100万元的企业。大家都笑称秦风是九品公司的艾克卡，三板斧就把公司拯救过来了。

秦风因为挽救公司功劳大，被提拔成了总经理。秦风也没辜负这个职务，一直兢兢业业地带领着公司平稳前进。可是最近让秦风苦恼的事情出现了，公司里来了个新人叫唐越。唐越和别人不同，来公司仅三个月，就显得出类拔萃，帮助公司开发出了十几种小商品，公司的营销业绩最起码有一半是他带来的，得的奖金也是一群人中最多的。对于研发小食品的九品公司，唐越可以说是功不可没。

唐越也可以算是一群新人中办事最干净利落的。公司开表彰大会，唐越首先受到了表扬，而秦风却排到了后面。秦风本来对此不在意，但是偶然间听到了手下人私底下的对话。"据说公司要改革，能者居上，唐越刚来，就为公司做了这么大贡献，秦经理在的时候却一直是平稳发展，董事会会不会让秦风让贤啊？"

"嗯，有可能。可是秦风是老将，当初做得也不错啊。"

"呃，不知道，谁知道公司打算怎么做呢！"

这些话让秦风的心里开始打鼓。无疑，唐越是个很厉害的竞争对手。如果真像别人说的那样，那么自己的位置就很可能被他顶替。秦风还想着继续前行，往公司董事会的方向靠靠呢，这倒好，自己现在的位置都快保不住了。

从第二天开始，秦风再处理事情，没有把重要的事情交给唐越做，而是交给了别人。而且唐越一个月基本都是被派去外地出差，也就是去见见客户。唐越为人内向，不大擅长说话，所以见客户谈生意的时候，总是难以把握利己的条件，做得不怎么顺利。公司当月的业绩异常惨淡。秦风知道事情的原因，但是将责任推到了唐越和另一个人的身上，说业绩惨淡是由他们造成的。

因为秦风是老将，公司上层对他的话比较信任，开会通报批评了唐越和另一个人。唐越心里也郁闷，对此不服气，就和秦风争辩了几句，于是秦风想方设法地挤走了唐越。这下，秦风松了口气，没有人和他争总经理的位置了。但是让他没想到的是，唐越走后，公司的业绩直线下降，因为没有人能开发出超过唐越开发的小食品的种类，秦风非常努力，但是依旧不行。

两个月后，因为业绩不如从前，秦风也被董事会批评。他感觉自己离董事会越来越远，有点恨自己当初为什么不敢大胆任用唐越做事，真是"成也唐越，败也唐越"啊！

【气场修炼方略】

我们曾经听说过一句话："英雄总问何为江湖，枭雄总问何为天下。"这就是英雄和枭雄的区别，同样，也是霸者和王者的区别。霸者和王者都有很强大的气场，霸者的气场压迫人，王者的气场是让人心甘情愿地臣服。楚汉争霸，项羽是霸者，而刘邦是王者。权威型人格的人很多的时候做了霸者，却没有做王者，因为他们虽有做王者的野心，却缺少王者海纳百川的气度，通俗一点说，他们有时候有些小心眼。

王者可以什么人都敢用，因人而异，用其所长。但是霸者用人则是根据自己的感情，或者是只想着通过打压别人提升自己，这样的人在生活中很多。

打压别人，只能带来负面效果，一定要刚柔并济，增加自身的人格魅力。

所以，对于他人，不仅仅要给其压迫感，更要让其心甘情愿地接近你、接纳你。那么如何修炼气场才能达到这个效果呢？

首先，要认清自己，知道自己有多少实力，看看自己在某方面是否有发言权和动手能力。

然后，和周围作个比较，比较自己和他人的优缺点。

最后，也就是最关键的一步，就是利用别人的智慧，让他们充分发挥优势，当然，别忘记给予适当的奖励。这样做非常能收买人心，而且对于一个重视自己的人，一般人心里都是很感激的。还有，该惩罚的时候惩罚，刚柔并济，才不失威严。

这样，你的气场就慢慢从霸者的压迫转为王者的海纳百川了。气场中最好的是强大的亲和力、吸引力，而最差的是强大的压制力。

【迷津点拨】

自然界讲究弱肉强食、优胜劣汰，在如今的社会也依然适用。但人与动物之间的区别就是，人是有情感的。

所谓士为知己者死，已经很明显地讲出了用人之道。有时候我们要学会收买人心，这并非是贬义。区别在于，有的人是故意而为之，有的人是天生如此。

当你的同事遇到困难了，大家都远离他时，你伸出热情的双手帮助他。他肯定会视你为一辈子的朋友。这便是王者之心，慷慨解囊，十分仗义。

你要参加一次竞选，现在你须要拉选票，你开始大肆用钱、物来扩大自己的影响，这便是很多西方政客的常用手段，吸引力和领导力使他们更出色地胜出。

当今是一个注重团队合作的社会，所以权威型的你，要试着收敛自己的强势作风，让自己的气场柔和一点，让大家愿意靠近你。

三、追求权力过旺，怨念的支配力

【你总是将权力紧紧攥在手里】

与随心所欲的享乐型不同，权威型的人喜欢将权力紧紧抓在手里。这是权威型最大的弊端。

是的，权威型的人太喜欢将别人紧紧握在手里的感觉了。似乎，如果别人不听从他们的意见，就是对他们的忽视，就是在挑战他们的权威。但事实是，别人只是想按照自己的想法去做。

权威型人的气场是相对强大的，不过相对来说亲和力不足，强制力倒是十分强大，长此以往会让他人觉得压力过大，最终招致他人的反感和厌倦。这种习惯从生活中的很多细节就能看出来，权威型人太乐于支配他人，这种支配力可以是一时的，但不会是一世的。

华子在一家鞋店上班时，有一位同事的资历比较老，时常对他们指手画脚，其实很多东西大家都懂。尤其是在劳动的时候，那位同事很喜欢安排别人，现场指挥。大家心里有点烦他，不过也懒得答理他。

不久后因为原来的店长调动，那位同事作为老人成了继任的店长。以前他还自己做一些事情，自从当店长后就只"动嘴"不干活了，说话都是训人的口气。有一次他给华子分配任务，华子说："每天的任务都一样，不用你安排。"

这可气坏了他，从此以后两人关系紧张，他有事没事就针对华子，最终将华子推给了别的店。华子走了之后，店里的销量大不如前，因为华子以前负责店面宣传，有很多的老客户在他手里进折扣鞋，有时候一出货就是几十双。可如今人脉断了，华子却在别的店照样卖得风生水起。

华子在新店长的推荐之下进入了公司市场部，负责采购。两年后华子已经是采购部副经理了，而当初的店长还是店长。

有一次单位聚会，那位老店长也去了，华子开玩笑地对他说："我得谢谢我们的老店长，没有他也就没有我的今天。"

仔细回想一下，同样是身为店长，新店长在发现下属能力突出后的选择是提拔，而老店长却选择的是打压。其实，同样是将下属送往他处，但换来的结果却是天地之差。

新店长使人对他感恩戴德，让对方永远欠自己一个人情；而老店长却让对方怀恨在心，不说日后会对其打击报复，但小的刁难肯定是少不了的。

权威型人的气场是负极而强大的，如何将其变为正极便是重中之重。

【我无法忍受别人的"背叛"，这让我不安】

王洪作为某书店一家分店的总经理，一直独揽大权，与员工上下一心，平日里十分照顾下属，不过有时候有点独断专行，这从他组织的活动就可以看出来。比如，最近他喜欢打乒乓球，平时就带着大家打乒乓球，还自己组织了一场员工乒乓球比赛。不出意外，他理所当然地获得冠军。

其实他还是十分慷慨大方的一个人，在运动后经常带大家去吃饭或者K歌，一般钱都是他出。不过众口难调，他个人口味偏喜辣，常常带大家吃麻辣锅和水煮鱼等川菜。毕竟是领导花钱，员工不好说什么，每次都是他和喜食辣味的同事兴高采烈，而有些忌辣的同事则是强颜欢笑。有的同事十分尴尬，但又不好开口，毕竟是自己的直系领导组织的活动。活动让同事们喜忧参半，有人欢喜有人愁。

不过转机出现了，总公司为分店派来一位副总经理，副总经理文质彬彬，热爱音乐和文学。相比总经理的运动与美食，副总更为内敛有水准，工作总是结合市场需求，制定书店经营策略。副总的生活以及工作风格显然更让人接受。

开始有人向副总靠拢，每到总经理提议活动时，那几名同事便以副总为借口委婉地推辞掉。这让王洪十分恼火，以前是全员出勤，去哪里都是风风火火的，二三十人一起，现在只剩不到一半。

真正让王洪感受到危机的是，他发现自己的心腹也开始向副总看齐，以前每到休息那几个心腹都是围着自己鞍前马后的，如今却是消失不见。

看着大批心腹掉队，他十分生气，并将这种情绪带到了工作中。下属犯一点小错，要在平时他一定会心平气和的，可如今却是大加斥责，态度十分严厉。

有一位他曾经的心腹现在每天跟在副总后面，他将那名下属犯的小错放大，又将很多旧事重提，最终将其开除。

他本想杀鸡儆猴，让大家乖乖归顺，没想到连以前真心追随的几名下属也改换门庭，投奔敌营。王洪受不了这种"背叛"，尤其是如今这种光杆司令的窘境。

王洪每日生着闷气，板着脸，对谁都冷言冷语，一切都是公事公办。这时副总主动来投诚，向王洪提议周末办一次员工划船活动。王洪带着抗拒心理，但还是同意了，不过由副总全权负责。

活动一天下来休闲又放松，大家都挺开心，王洪已经很久没见到下属喜悦的笑容了。尤其是聚餐时，大家看到了焕然一新的菜系，十分惊喜。副总说王总爱惜下属，咱们大家工作要更加努力，做出好成绩，争取在王总的领导下做到金牌分店，接着掌声一片。

【气场修炼方略】

从上面的案例可以看出，王洪是一个很慷慨的人，对待下属很好，不过一旦有不如己愿的时候，往往会发作，并且有一点"小心眼"。

是的，权威型人格的人天生就对权力"小心眼"，总是喜欢控制别人，或者将他人掌握其中，以此获得信心，带来成就感，但是长此以往会形成强大的压制力气场。

一个生活圈子中，总有人喜欢带头做一些事情，然后把计划详细列出来，告诉大家怎么做，这样的人，就是权威型人格的人。

如果有人对他们的意见或者建议提出否定，那么对于他们而言便是对于权威的挑战，这会让他们很警戒。但是如果有人反感他们想控制别人，他们便不会承认，有人说他们的事情做错了，他们为了捍卫自己的权力，还是会一意孤行。做事情失败了，他们不会思考自己的错误，而是找借口把责任推到他人身上以寻求逃避。

最简单的方法是，当你想反驳别人的时候，先想想别人的做法是否对，整理下自己的措辞，让其变得柔和些。这样，既能说出你的意见，又不给别人压迫感。慢慢地，你那尖锐刚强的气场就变得圆滑了，没有人会爆发，也没有人会打乱你的气场，你的气场只会在不知不觉中壮大，让他们甘心听取你的意见。没有人会说你就是想控制人，其实你已经把他们控制住了。

【迷津点拨】

如果要找九大类型中最喜欢将眼光放在别人身上的，那一定就是权威型。因为他们很喜欢研究别人，试图在别人的身上找到弱点，以此征服对方并纳为心腹。这便是前文说到的权威型爱耍的常用伎俩，倘若发现团队中苗头不对，一定会想方设法地消灭。假如在自己的团队中发现了优秀人才，尤其是在不断的进步中大有超越自己之势的人才，那权威型的人一定会痛下杀手。

这也是职场中常见的一个问题，为什么有的员工明明很优秀，能力非常强，却被公司裁掉了。相信吧，权威型可不会将公司的利益看得大于自己，他们更多的是将自己的位置视为第一，脑中考虑更多的是如何稳妥地保住自己的地位，而不是让别人踩着自己的脑袋往上爬。

这对于他们自身来说没有任何的问题，也没有损坏道德可言，不过也正因他们这种保守的方式，他们负责的成绩永远都是不温不火。因为他们的能力有限，又不敢重用新人，眼睛永远都在看自己的饭碗在不在。

有一天他们发现，他们已经变成了别人形容中庸的代名词。

四、有时候承认过失更令人信服

【遇事后不要总在别人身上找原因，也反思一下自己】

A组和B组踢足球，B组输了，B组找出了如下理由：

草皮太硬（或者太软）。

阳光太强，让人睁不开眼睛。

裁判不公平。

观众不给力。

主力不在（像刘翔一样腿受伤了）。

对手攻击性太强，使用了我们从没有见过的新手段。

在他们场地踢球，心里不舒服。

球迷素质太差，向场内扔易拉罐。

前两场他们输了，我们对对手不够重视。

看完这些理由，很多人都笑了，B组找的全是别人的毛病，却没有自己的问题，看来，B组要想赢球，就需要草皮不软不硬，适合B组的脚感；天气不冷不热；裁判要向着B组；观众要有素质，并且拼命为B组鼓掌；要在自己的场地踢球；要及早重视对手……

其实，最大的原因就是B组实力不如A组，其他的原因都是客观原因。但是B组偏偏只找到了客观原因，对于自己的主观原因却一直没有提及。他们心里都很清楚，却不说。

权威型通常是死要面子活受罪的类型，明知道自己错了，但还是会去找各种各样的借口和看似得当的理由，将自己的过失以及不足一笔带过。

自我批评和理性评价自己是人生中十分重要的两堂课，有时候自己将自身造成的问题摊开来说，会给他人安全感。因为人生在世孰能无过，敢于自我批评的人才会敢于承担和担当责任。

与其让别人背后去诟病这个问题，不如自己主动承认，错了就是错了，没什么不好意思的。当一个人敢于在大众面前自我批评时，这个人是有很大勇气的，给他人的感觉就是具有十分强大并且亲和力的气场，让他人有信赖感。

犯错并不可怕，可怕的是不肯承认，而后只好用排挤他人这种手段来达到自己的目的。这是权威型人过重权力欲的特征之一。

【我的面子十分重要】

上个月，周平刚刚跳槽到一家平面设计公司，同部门有两个刚毕业的学生和一个有一年工作经验的女孩。因为周平已经做平面设计多年，业务是一方面，对于人情世故也颇为老练，所以四个人之中，只有他做事最受上司的赏识。

周平的上司40岁，自从来到公司后就一直待在这里，从来没有换过工作，是公司的元老级人物。对于设计方面，也略有自己的见解，但确实不算资深。之所以能坐到部门经理的位置，很多人认为是公司觉得有必要犒劳一下这位忠心耿耿的老职工。好歹没有功劳也有苦劳，没有苦劳也有疲劳。

上司很喜欢周平，对于工作中的东西，都是倾力指导。周平聪明，一点就透，这让上司更加欣赏他。上司喜欢和周平聊天，常告诉周平怎么做，周平虽然知道，但还是装作虚心受教的样子。

坦白说，上司有一点龟毛，尤其是创意设计上，明明是一个很完整的作品，他总会将自己的见解掺进去，然后认为这么改会比较好，那么改会比较好。

其实设计这个东西和电子产品一样，更新速度特别快。上司依然用一些陈旧的思维方式来应付，但这根本已经适应不了时代的发展。他的思维以及设计理念已经需要更新一部分，不然设计出来的东西很难被广大年轻人认同。而周平所在的公司，主要面对的客户就是广大年轻人。

开会的时候，周平的一个同事（两个大学生之一）对于上司的设计提出了更新的意见，他认为某部分设计过于陈旧，上司在处理的时候有所疏漏。这个同事当场与上司争得面红耳赤，上司犀利的言语几乎让他下不来台。会议结束后，同事很悲愤，半个月后就办了离职，而另一位大学生也在两个月后选择离开。

生活依然在继续，地球并不是围着谁转的。公司又招了新人，上司还是以自己的方式，让很多设计按照自己的规格和想法去做，有人接受有人拒绝，离职的设计师也不在少数。

事情的转折点在两年以后，当初那位跟周平一同来到这家公司的大学生已经蜕变成了职场精英。因为他的设计在国内获了大奖，一时间成为了业内的宠儿。当一个无名小卒变成行业明星，最高兴的应该是现任公司，最悲催的应该是前上司。公司高层经过调查发现如今行业内炙手可热的明星设计师原来在自己的公司就职过，遂派猎头去挖人，薪资福利待遇很多事情都谈妥了，但最后一听公司的名字，宠儿摇头了，婉言拒绝了。

宠儿的话十分耐人寻味："贵公司是一家有潜力的公司，不过我在贵公司入职时却看不到一点发展潜力。"

于是这一年，周平成为了部门的新任领导，当初的龟毛上司呢，早被炒鱿鱼啦！

【气场修炼方略】

一名领导，其实也是普通人，难免会做一些别人不乐于接受的事情，而自己却浑然不觉。当有一天问题浮出水面时，一定要理智客观地去思索问题，而不是主观地去看待。"如果我承认，那我得多丢脸，以后还要不要在这圈子里混了？"这可能是多数权威型人的想法。是的，所以有些人会找很多的借口和理由，但这都没有解决问题，相反会给别人留下气量小的坏印象。

就如同案例中的上司，不应该因为下属质疑自己就对其大加斥责，这是一种心虚的表现，而后又因为拥护自己的阶层，拒不认输，那么情况可想而知，不仅仅是下属错失了一份工作，而且自己放走了一位人才。

权威型人格的人极其看重权力，任何对于权力有威胁的事情都会引起他们的警惕。而且他们很容易把别人的否定意见和自己的权力联系起来，虽然很多时候是强拉硬拽的。

权威型的人需要注意了，因为你喜欢控制他人，而且是强势的控制，加上对权力的自我保护，对于别人已经形成了强大的压力。这虽然是强大的气场，但是排斥很多人走进你的气场圈子。所以，想让气场圈住人，就把自己的权力意识放淡点，别把别人的好心当成权力的威胁。

让权威型的人淡泊名利很难，所以权威型的人只能用以毒攻毒的方法修炼气场。他们希望自己得到别人认可，不管是做的事情还是说的话。那么，想修炼气场，就告诉自己接受一下别人的意见，因为想发火的时候，忍耐两分钟，思考一下再说话。

告诉自己接受别人的意见，因为淡泊名利的人非常容易博得美誉。自己既然被别人信服，又因淡泊名利让人敬佩，那么你的气场就会慢慢圈住别人。原来的你处处要面子，是一颗随时引爆的炸弹，现在的你却海纳百川，接受别人的意见，谁不愿意向你靠拢呢？当大家都往你身边靠拢的时候，你的气场就圈住了人。

【迷津点拨】

权威型是一个气场相对较强的类型，但有时候会很武断。可能仅仅是别人一句很随意的话，就会将权威型的人激怒，而后大爆发。

有时候他们会搞得大家一头雾水，觉得因为这点小事值得吗？而后别人选择默默接受，这并非是一种惧怕，而是一种忍让，觉得不值。

其实这是因为他们气量小，而大家选择容忍，后果则是让他们更加霸道。权威型是一个很喜欢讲大道理的类型，明明是自己不对，却可以将责任推到别人的身上，而将自己的过失一笔带过。

可能短期接触，大家并不会介意或者识破，但路遥知马力，日久见人心。当大家都开始幡然醒悟的时候，他们便已经失去人心了。

权威型的人需要放松，将权力欲抛开，不要想着时时事事占据主动。当这是别人的场面时，不要总是喧宾夺主，让别人都充当绿叶角色。

给别人一些机会，让别人展示一下，别人会更加愿意与他们为伴。

五、学会理解别人，学会尊重别人

【独领风骚不如百花争艳】

"独领风骚不如百花争艳。"这是针对一个大时代和环境所提的。我们都知道，行业垄断是最赢利的，但同样对整个行业的发展却是最不利的。

我们都知道可口可乐与百事可乐的二龙戏珠，不过假如没有百事可乐的后来居上，并且多年来给可口可乐沉重的打击，也就没有今日茁壮成长的可口可乐。纵观两家公司的发展历史，各有胜负，各有千秋，两虎相争下两家公司却没有被对方击倒，反而都成为世界品牌。同样的奇迹还有松下和索尼，微软和苹果。

一个人如果想真正地成长、成熟起来，不光需要有家人、朋友、伙伴、爱人，还需要一个对手，尤其是伟大的对手。他会让你真正强大起来，让你从小作坊变成世界500强。当然前提是，你需要有永不言败的精神和坚韧的人生信条。

当一个行业被一家公司所垄断，暴利是必然的，同样也会让公司放松警惕，因为已经没有其他公司与它竞争了。这就如兔子没有了天敌，可以肆无忌惮地啃食以及加速繁殖，从而引起新的灾难。

公司如出一辙，当整个行业被其垄断，无论是上层领导还是下属员工都会产生一种傲慢感，凡事懈怠。无论是产品质量还是客服，无论是售后维修还是设计创意都带着一种不思进取的倦怠。

独领风骚容易让人自大，而权威型的人则十分独裁。这往往容易让他们"一失足成千古恨"，最终变为万夫所指。

【具有攻击性并不是好事，它终究会给你带来负面影响】

说起《非诚勿扰》这个节目，很多人都知道。其中有一位女嘉宾叫袁媛。是2010年《非诚勿扰》最受争议的女嘉宾。她自从上场来，对战过杭州母子、吉他男等很多人，以语言犀利、攻击性强出名。

有一期节目让很多人记忆犹新。一个国外回来的温州帅哥，因为酷爱健身，身材一级棒，年薪也不低，20万元左右，这样的条件是非常不错的。他的择偶标准是要求和他家庭背景不相上下的，而且强调了下，希望女朋友有独立的意识，娇气的大小姐他也不想娶回家。

听完他的要求，很多女生开始连番攻击。袁媛的话更是犀利："我认为你最大的优势是经济条件还不错，我可以认为你说的条件相同就是经济条件，你说找文化背景相同的女生，完全可以在国外找。"这句话让特约嘉宾乐嘉都看不过去了。

后来，袁媛问："如果成为你的女朋友，可不可以疯狂花你的钱？"温州帅哥委婉地说他是个有上进心、自制力强、理性消费的人。袁媛当即就说："你就是在乎钱，你怕别人花你的钱，我觉得你不诚实。"

最终，温州帅哥被全部灭灯，失败离场。特约嘉宾乐嘉也话里有话地说："有些女嘉宾在说不喜欢男嘉宾很有攻击性的时候，要'己所不欲，勿施于人'，反过来想想男嘉宾是不是也不喜欢有攻击性的女嘉宾。"

还有一次，来了一个背着吉他一腔热血的小伙子，长相不够俊美，而且比较腼腆。他自然被很多人灭了灯，袁媛却说弹吉他没什么前途，女孩子跟着他会受苦，让那个小伙子很没面子地离场。

有人为此事质问过袁媛为何如此攻击一个带着梦想的小伙子，袁媛对此作出了解释，她就是学音乐的，对吉他这个行业比较了解，并没有攻击的意思，是希望这个小伙子清楚地认识到自己的处境，并对自己的态度表示歉意。

同样，袁媛也在网上引起了争议，虽然有人喜欢她的犀利，但是也有很多人表示不喜欢她，认为她的话太具有攻击性，火药味很浓，让很多人觉得她没礼貌没修养，比较恶毒点的词是胸大无脑。

袁媛最终离开了镜头，因为她犀利的话语太具有攻击性，她穷追不舍、得理不饶人的话语让很多人反感。

【气场修炼方略】

袁媛最终从《非诚勿扰》节目退出，最大的原因就是她攻击性的话语，使她失去了观众。也许她是无心的，想说什么就说什么，表达出自己的真实意思。但是，她的做法却伤害了别人的自尊心，有些伤害是永远难以弥补的。

有个小故事也许大家都知道。

有个脾气很坏的男孩，他爸爸给了他一袋钉子，让他每当和别人发脾气吵架的时候，就往院子里的篱笆上钉一个钉子。第一天，男孩在篱笆上居然钉了37个钉子。后来，男孩知道了自己的缺点。开始控制自己的脾气，钉在篱笆上的钉子日益减少，终于有一天，他一个钉子也没有钉。他很高兴，然后跑去告诉他的爸爸。

他的爸爸说："从今天开始，你哪一天没有发脾气，就从篱笆上拔掉一个钉子。"日子一天天过去，篱笆上的钉子终于被拔光了。

这时，男孩的爸爸对男孩说："儿子，你看，你和别人吵架时，说出的那些难听的话就如同这钉孔，永远都不会恢复原来的样子。"

对，那些攻击性的话，就如同钉子钉在篱笆上留下的孔洞一样，永远无法修复，尤其是心灵上的伤害。如果对别人的心灵伤害多了，那么必然不会得到大家的尊敬，大家也会奋起反击。兔子急了还咬人呢，何况是人。

权威型的人常常过于看重自己手中的权力，从而会忽略别人的感受，常常是己方受益，而非双赢。

学会理解他人是需要你在一些事情上从对方的角度去思考，而后选择一个折中的办法。你为了逞一时口舌之快让他人下不来台，那么势必你会被别人误认为是一个刻薄的人。你的气场虽然是强大的，但是令人讨厌的，因为它过于冷漠、苛刻。

这世界并不是为你而转，你认识的人群也不是为了你而出生，大家都一样。那么凭什么他们被你支配？

权威型的人要注意增强亲和力气场，在与他人交流时少说我，多说我们，在平时一些生活琐事上也尽量与大家平等。最简单的，比如说买雪糕，虽然是你给别人带，但你吃的是两元的，给朋友拿的是一元的。买饮料时你给大家带的是可口可乐，自己却拿着红牛。尽量不要搞这种阶层差距，要么一起吃便宜的，要么一起吃贵的。一些生活细节会让对方感受到你是否讲究平等与尊重。

【迷津点拨】

对于权威型的人来说，他们说攻击性的话只是为了维护自己或者证明自己的观点正确，或许真的不是故意伤害别人。但是不了解他们的人，并不知道他们的用意，何况没有谁一定要了解你，承受你说的攻击性的话。

权威型人格的人有时候会让人厌恶，因为他们不能很好地融入一个圈子。这是他们身上的气场是负气场造成的，攻击性的话正是他们负气场的最终表现。所以，想将负气场转化成正气场，就要学着理解别人和尊重别人。把那些犀利的话用几十秒钟的时间润色一下，变得让人更好接受一些。

另外，在生活中要做到克制、谦逊和执著。克制和谦逊可以很好地抵消权威型人的攻击性，慢慢压制他们的负气场，而执著则可以激励他们不断进取，不故步自封（貌似权威型人格的人都不喜欢前进）。做到这三点，他们的气场就会和从前大不相同了，谦逊且进步的人，大家还是都愿意靠近的。

在生活中，我们不光要了解自己，同时也要多了解别人的观点和看法。多看看外面的世界，多了解一下别人的观点。

六、塞翁失马，焉知非福

【在高潮时享受成功，在低潮时享受人生】

台湾四大综艺天王之一的吴宗宪，在某次访谈节目里，一改往日的搞笑与无厘头，在谈到过去时他说了这样一段话："我的父亲在我年轻时就告诉我，在高潮时享受成功，在低潮时享受人生。"

花无百日红，无论是谁也不可能一辈子都站在巅峰，哪怕是被誉为常青树的刘德华。飞人乔丹曾统领过一个时代，但在年老之时却被不知名的无名小卒连续生吃，不给他留一丝情面。是的，这就是人生，但同样也很公平。否则，他人岂不是没有扬名天下的机会了？

权威型的人是人生的赢家，因为他们无论在哪里都会赢得许多，因为太过于追求权力，追求成功，也难免失去很多人生的乐趣。

"塞翁失马，焉知非福"的道理想必大家都懂。人活一世不可能风平浪静，更多的时候是在高低起伏中度过的。即使是诸如天王刘德华，也总有老的一天，这是大自然的法则。

老人常说："三穷三富过到老。"权威型与平和型之所以不同，就是因为权威型太过计较得失，但人生更像是一场戏，不光要经历"洗具"，还要经历"杯具"，这才是完整的人生。在高潮时，享受自己创造的成就；在低潮时，享受自己的人生。

【我输给了对手，却赢得了成功】

王潇收拾好行李走出公司，他回头看了看这家自己奋斗了5年的公司，一切都是那么熟悉。是的，作为创意部的部长他输给了对手，最终被副部长成功谋权篡位。所谓商场如战场，职场中的尔虞我诈并不比战场上少。

一次创意提案失败，惹得公司大额亏损，这个责任自然要由王潇来承担，但当初这个提案却是由副部长亲自推荐的。当初身为部长的王潇觉得这个策划并不好，但碍于情面以及没有更好的策划案，最终同意了。

这一次失误为公司带来了很大的灾难，因为创意是仿国外一家著名公司，在广告轰动后立即被国外网友找到原版。国内的饮品公司遭受网友戏谑，而王潇的公司也面临信誉危机，一时之间公司遭到巨额赔偿。

王潇在仔细想过后，明白了问题的关键。因为自己比较专注于国内各个大公司的产品广告，而国外广告一直都是由副部长负责的。当时副部长大力举荐时，不可能没有发现其中的问题，但在开会时他却可以将自己的责任推得干干净净，毕竟王潇是部长。

他还记得自己离开时副部长看他的眼神，带着狡黠，带着玩味，那似笑非笑的表情明明在说："王潇，我赢了。"

那一段时间，王潇十分失落，心有不甘又无能为力，他深刻地体会到一种苍白的无力感。他只好借酒消愁，平日里整洁的房间自从他失业后变得凌乱不堪，他也没心情收拾，俨然变成了"乱室家人"。

往日的自信和强大的气场似乎消失殆尽，现在的他就像曾经自己很瞧不起的那种人：喋喋不休地抱怨，彻头彻尾的失败者。

他知道自己不能这么颓废下去了，很快他等到了机会。曾经的一位客户，在知道王潇被开之后，因为以前对他的业务能力十分认可，正巧自己手上有很多客户资源，所以想自己开家广告公司。

详谈之后，王潇同意了老客户的想法。老客户出资，王潇出力，两人合伙开公司，利润六四开。

王潇全权负责，老客户只管拉客户，互不干涉。公司在成立半年后就开始扭转局面，开始赢利。王潇作为老板干得也是得心应手，两人合作得可以说天衣无缝，真可谓是黄金搭档。王潇在公司做部长时，买车对他算是一个梦想，但如今他的座驾已有两台，一台是公司提供的，一台是自己出资买的。

正如王潇最后的总结："我输给了对手，却赢得了成功。"

【气场修炼方略】

在中国有句古话："人生如戏，戏如人生。"有时候，我们无法预知人生的下一个路口在哪里，也许是在转角，也许是在前方，但不论走到哪个方向，你都会看到不一样的风景。所以，有时候并无好坏之分，因为每一处的风景都是唯一的、与众不同的。

就如同王潇，如果不是被公司开除，也许他会在公司终老。也许会十分安稳，不过他可能永远不会有如今这般的成功和享受。所以很多时候，你遭遇的挫折有时候也是转机。

被公司开除，可能对很多人来说算是一场噩梦了，但看看噩梦过后的美好吧。如果你连噩梦都度过了，那还有什么可害怕的呢？

前文说过权威型人常为人诟病之处是对权力的向往，而且对权力过分依赖，这种依赖让原本自信的权威型人最终将自己的信心捆绑在自己的权力上。所以权威型的标签是："如果我没有权力，就没有人爱我。"

虽然权威型人的气场是强大且有压制力的，但倘若有一天他们手中的权杖被他人夺去，他们就像被贬为庶民的天子一样，俨然落魄的凤凰不如鸡。内心十分失落，会觉得没有权力，自己就没有价值了。

这种状态就像一只在扮演狮子的猫，被他人打回原形后，开始手足无措，自我否认，从权力上积累而来的强大气场最后荡然无存。

权、钱都是形成气场的重要因素之一。不过权力也好、金钱也罢，并不能直接形成气场，而是当我们拥有之后，因权、钱而带来信心和气势，这种概括统称为气场。

权威型人需要注意的是，不要迷失在权力中，将今天所有的成就都挂钩在权力上。不要因为职位没了，信心就没了，气场也弱化掉了，职位可以再赚回来，但信心那么容易吗？

【迷津点拨】

"宠辱不惊，看庭前花开花落。去留无意，望天上云卷云舒。"宠辱不惊是一种意境，不为自己的荣誉过分执著，得之不喜，失之不忧，就如同看花开花谢一样平常。去留无意是一种洒脱，不让职位、事业成为心的牵绊，让自己如同天上的云彩般变化多端。

现代人活得十分疲惫，很多人甚至不堪重负。生存的压力越来越大，城市的节奏也越来越快，这让现代人物质富裕、精神贫瘠，并且思想也相当的浮躁。

贫民总想一夜暴富，富商怕商机被抢、怕儿女被绑、怕生意失败；穷二代想赚钱辛苦奋斗，富二代在交友时却时常顾忌："他是喜欢我，还是喜欢我的钱。"无论是有钱的、有权的，还是没钱的、无权的，大家似乎都有道不完的烦恼。

是的，我们都是凡夫俗子，不过权威型人有些过分地看重名利，这种强大的压制力气场会让别人显得十分的"三俗"。大家会惧怕你、忌惮你，但不会真正地尊重你。

张兰与杨澜同为企业家，不过前者与后者的气场却截然不同。前者做事时喜欢高调宣传，气势逼人，后者做事时讲究低调内敛，她们犹如艳红的玫瑰与淡雅的百合。

许多时候，权威型人须要将事情看得淡薄一些，让自己的气场更有人情味，而不是给人的第一感觉就是"满身铜臭"。人与人的交往不一定都是利益关系，所以有时候你手中的权力对于其他行业的人并非行之有效。

第九章　平和型气场心术

平和型的外号是"和平型"。是的，平和型人喜欢和平、安静、惬意的生活，不喜欢生活中出现巨大的起伏变化，突如其来的问题总是让他们手足无措。他们与世无争，为人随意而不拘小节，在吃亏时也常常选择退一步海阔天空。他们渴望与人和平相处，不愿与他人引起冲突，也从不试图突出自己，因而总是团队中最不起眼的那一位。

他们有宽厚的心，就像是平静的大海，能容纳很多东西，乐于奉献，且总是将自己的情感掩藏起来，给人谦和平易、温和友善的感觉，所以常常充当别人倾吐心事的对象，给他人慰藉。但由于过于随和，他们害怕竞争，总是无法集中注意力，内心世界几乎没有一个中心目标并驱使他们为此奋斗，有时候他们就像是在梦游，凡事不拖到最后一分钟不会完工，注意力集中在细节、次要的事情上，对大多数事物没有兴趣，不喜欢被人支配，绝对不直接表达不满，只是阳奉阴违。

因而，平和型人的气场通常都是比较弱小而不惧影响力的，这让他们在爱情、事业等各方面常常显得很被动。所以，增强气场，改变自己，该出手时就出手，克服优柔寡断的毛病，是平和型人气场修炼的关键目标。

一、学会骗自己。如果我们现在没有信心，可以用"欺骗"的方式进行培养。当自信被潜意识接受的时候，它就成为一种事实，你就是那样的人。

二、练习身体姿势，提高气场。

1．抬头、挺胸、收腹（军队中为了提高士气，也这样要求士兵）。

2．舒展身体，恢复我们的生命力（类似打哈欠的动作）。

三、镜子练习。站在镜子前面，积极而坚定地望着镜子里的自己，坚定地告诉自己"我很强大"。每天练习15分钟，坚持21天。

四、双尖水晶对增强气场极其有效。如果你知道自己在某些场合一定会感到紧张或精疲力竭，携带一块双尖水晶，可以让你不至于太过紧张和疲倦。当一天结束时，如果你觉得自己耗光了精力，想要恢复能量，可以双手各握一块双尖水晶，或坐或站，尽量放松，想象水晶的能量正在为你的身体充电，为你的气场注满新的能量。

两千多年前孔夫子的那句"君子矜而不争"很像是平和型人的做人准则。不过这个不争必须要通过"争"来获得。平和型的气场修炼秘籍浓缩、浓缩、再浓缩也就化成了这一个字"争"。惟其想争，才能不再优柔寡断，才能理直气壮地说出自己的想法。让别人更真实地了解你，重视你。

一、团队中的润滑剂

【因为你是雷锋，所以你该做好事】

你总是用很高的标准来要求你自己，这个标准就是做一个好人，向雷锋同志看齐。这个不断盘旋在脑中的奇怪想法，就是平和型人身上最大的标签。"我要做一个好人，否则大家就不会喜欢我。""凡事不要和别人计较，这样大家和和睦睦的多好。""向伟大无私的雷锋同志看齐！"

平和型人最大的特点就是爱好和平，多一事不如少一事，希望身边人都和谐共事，互相发展。是的，平和型是一个相对伟大的类型，因为他们的境界非常之高，大有牺牲小我、完成大我的思想觉悟。

他们就像团队中的润滑剂一样，将各个类型揉捏、磨合在一起，让大家尽量减少摩擦，减少争执。但也正因为如此，总是会不时地委曲求全，为了团队利益甘愿牺牲自己的利益，这种大公无私的奉献背后，是他们自己内心说不出来的委屈。

其实这一切源于他们对自己的定位，正因为这种高标准的定位，让他们比别人觉悟都高，比别人无私，他们在享受别人赞美的背后自然是自身利益的牺牲。

打个最简单的比方：一个人坏习惯很多，平时又喜欢占小便宜，是很自私的那种人。长此以往大家就会形成一种共识，他就是那样，所以他犯小错别人也不会深究，因为大家对他的印象就是如此。相反，如果有一天他忽然很大方地款待大家，大家对他的印象一定会大为改观，连连称赞。

同样，一个人对他人特别好，很乐于奉献，凡事都不计较，大家自然会留下一种这人是好人、高尚的人的印象。即使别人会跟他计较一些小利益，他也会不计较，所以大家也都习惯了。相反，如果有一天他忽然很计较一个问题时，大家会觉得，他怎么变得这么小气呢。

瞧，这就是定位的问题。平和型的人，为什么要将自己定位得那么高呢？

【不懂得拒绝，因为你是老好人】

随着社会的进步和发展，涌现了越来越多的自由职业者，很多人因为不愿意受到束缚，加入了这个行列。李树就是这个行列里的一员，他是自由撰稿人。别人总开玩笑叫他作家，而他也默默地接受了这个称号，总比有些人叫他写手或者枪手好。

因为是自由职业者，所以李树可以自由安排时间，不像朋友那样朝九晚五。朋友非常羡慕他的轻松悠闲，也羡慕他天天坐在家里通过文字就可以赚钱，不必看老板的脸色。

最近，李树非常纠结。因为朋友觉得他不上班，随时有空，所以有什么事情都找他。昨天，李树刚刚接了个稿子，要求半个月内完成。F君搬家，直接把电话打来，李树想拒绝，但是F君说大家都上班，就你有时间，帮帮我吧。于是李树就去帮忙了，整整搬了一天家。李树累得感觉骨头都酥了，回到家后，大睡了两天两夜。第三天，他刚刚准备写稿子的时候，电话又响了起来，一接电话，是B君。B君老家的亲戚来了，希望李树帮忙接一下，因为只有李树不上班。哎，又是这个理由！不上班就没事做了吗？李树心里叹气道。但是他没有拒绝，直接收拾好东西，去车站接B君的亲戚。

安排好B君的亲戚，一天又过去了，李树只字未动。他只好连夜加班，当天微微亮的时候，才去睡觉。也不知道睡了多久，电话的铃声再一次响起来，是E君，说自己的女儿作文不好，希望大作家李树可以帮助女儿辅导一下作文。李树平常和E君要好，不忍拒绝，只好答应了下来。此后，李树每个晚上还多加了一项任务，就是给E君的女儿补习两小时的作文。

这样，李树每天总是被朋友各种各样的事情拖累着，他写稿的进度非常慢。李树很想拒绝朋友，又怕自己的决绝影响了彼此的友谊，所以都答应下来。半个月的时间到了，约稿编辑向李树要稿子，他仅仅完成了稿子的一半，发给编辑，编辑有诸多的不满意。因为李树在规定的时间没有完成稿子，编辑提出要退稿，另找他人。这样，李树的半个月就白忙活了。因为这个稿子的稿酬高，李树恳求编辑再给他一个机会，编辑同意了，但是因为拖稿要扣除其1/6的稿费。李树虽然痛心疾首，但是还是答应了。这样，完稿时间又往后拖了一周。

李树正在郁闷的时候，F君打电话来，约李树一起小聚。李树去了，发现去的人还有E君、B君。大家一边吃饭一边说四个人中就数李树是干大事挣大钱的，所以要他请客。虽然心里不悦，但李树还是脸上赔着笑把账结了，心里却说："大款？稿费还没有付给我，倒是扣了1/6。"

哎，好人难做，真是有苦难言啊！难道自由职业就一定是最有时间的吗？那天，李树在QQ上更新心情："自由不由己！"

【气场修炼方略】

看完李树更新的QQ心情，很多人都有同感，老好人难做。平和型的人在生活中多为老好人，别人有什么事情都可以找他们，一般情况下他们不会拒绝。

他们的不拒绝，目的是让人觉得性情随和，用柔和的方式扩大自身的气场。就好像我们上班的时候迟到了，路上遇到了老板，自然会耸肩、低头，从老板最不注意的地方走过去。这就是有意识地收敛自己的气场，他们觉得这样更不容易被发现。平和型人就如同那个迟到的人一样，只不过是有意柔和自己的气场，希望气场能扩大，但却事与愿违。长时间的柔和反而弱化了平和型人的气场，但是他们自己却不自知。

如果把各种人格的人变成蔬菜，那么平和型的人一定是大白菜，最不起眼最普通，丢到菜堆里肯定找不到。当然，这类人格的人放在众人中也是平平庸庸的，让人一转眼就忘记。如果说他们的人生有什么是闪光点，那就是没脾气，人云亦云，随波逐流。

所以，平和型的人要修炼气场，就要学会拒绝和坚持立场。告诉别人，你也有自己的事情需要处理，不是什么时候什么地点都可以照顾到别人的，给别人展现一个独立的自己，不是依附在别人身上而活。

朋友下次再要求你无条件帮助的时候，如果你有自己的事情，就告诉他你要处理自己的事情，让他另请高明。对于平和型人格的人，这招屡试不爽，因为从来不拒绝的你拒绝了，会让人立刻感觉到压迫感。如果朋友还是再三要求帮助，用肯定的语言告诉他你确实有事情。这样，久而久之，你被弱化的气场就会变得强大起来，张弛有度就成为你人生的闪光点，别人会觉得你是个有主见的人。

【迷津点拨】

平和型人善于忍让的性格，让他们有苦难言。因为这个性格，他们吃了不少亏。老好人在职场大多不被领导看好，没有魄力，就没有领导力。

唉，如果说人生是一场"洗具"的话，那他们的人生一定是场"杯具"。因为他们太喜欢帮助别人了，太见不得别人可怜了。坦白来说，就是他们的同情心太过于泛滥了。

所谓："可怜之人，必有可恨之处。"有些事情他们帮助对方，反而让对方有了依赖心理，"反正我有困难了，有人帮助我。"这便不是帮，而是误人子弟。

比如说，你认识一名月光族，他月月花光，而后向你借钱，等到发工资后返还。这本是稀松平常的事情，朋友之间很正常的友谊。但如果他一直是如此状态的话，则是一种病态。"人有旦夕祸福，月有阴晴圆缺。"所以，有一定的储蓄是应该的。但因为他会有一种"反正钱花光了，我朋友会借我"的想法，所以他会无所顾忌。假如忽然有一天他的家庭需要钱，或者家人出现一些意外、疾病时，他该怎么办？难道你要把全部积蓄都借给他吗？

心态平和是好事，但一定要拿捏有度，凡事一味的忍让，会造成别人对你的轻视。平时给人随和的印象，会抵消别人对你的重视，一旦有要事肯定与你无缘，等到你身边的甲、乙都被提拔时，你则成为了"没功劳有苦劳"的边缘人物。

提高自己的气场，要首先懂得拒绝，让自己的性格更加鲜明一点，做到处事圆中有方，不事事妥协，有见解方能引人注目，从而获得更大的成功。

二、长江后浪推前浪

【一直被超越，从未被模仿】

有一家著名的娱乐KTV公司，他们的座右铭是："一直被模仿，从未被超越。"不过这句话在平和型的人这里，显然是颠倒的，他们从来都是"一直被超越，从未被模仿"。

生活中有很多的模仿者，他们都有一个显著的特点，就是模仿的人物都是成功的，比如很多人模仿歌星，因为他们很红。即使不是明星，大家常常模仿的也都是成功人士，或者相比之下较为杰出的人物。

这是因为，大家都想学习好的，想像成功人士一样。如果一个群体中，有人模仿、崇拜另一个人，那么那个被模仿者一定是团队中最杰出的、最特别的。而平和型的人始终没有模仿者，从小到大也许都没人视他们为偶像、临摹的对象。其实，这说明他们不够显眼。

一直被超越，这是他们生活里的一部分，因为他们与世无争的态度，身上体现的竞争心理很弱。他们常常这样想："哎哟，为什么总是要争来争去，无不无聊？""我真搞不懂他们的脑中在想什么，有什么可竞争的。""我真的讨厌胜利者的趾高气扬，失败者的俯首称臣。"

小时候这种为人和善可以称之为好性格，但长大进入社会后再如此看待事物，则是一种过于理想化、略带幼稚的想法。

曾经学校里的淘气包如今已经是企业老板，有车有房。曾经笨得可以的姑娘，现在自己开起了服装店，生意十分红火。而当初很优秀的平和型人，现在却处于无人问津、英雄无用武之地的尴尬处境。

工作比上不足比下有余，说不上好也谈不上坏，没有大起大落也未经大风大浪，就像一面湖水总是那么波平如镜，平和型人的为人也如湖水般清澈见底，他们是那种在与陌生人交谈时几句话就可以聊完自己一生的人。

有的人一生追求安稳，那么被归为平庸则是必然，不要眼红他人的成就。有的人一生追求非凡，可能今天落魄得如落水狗，但明天就成为千万富翁，一生都像个大冒险家，时而一无所有，时而一无所求。

【长江后浪推前浪，我被拍在沙滩上】

李峰在一家商贸公司做了三年，一直在他的上司周晓辉手下工作。其间，他一直工作积极认真，没有任何违纪现象，虽然没有做出什么大的贡献，但也算踏实可靠。和李峰一起来的另外四个人不是跳槽另谋高就了，就是下海经商了，只有李峰一人坚持下来。

不久前，发生了一件让李峰极其郁闷的事情。周晓辉升官了，他原来的位置由一个刚来半年的小伙子周仁顶替。李峰对此不服气，去找周晓辉要解释，好歹自己跟了周晓辉三年，虽然没啥大的贡献，但是忠心可表啊！

李峰找到周晓辉，对他的老上司诉起了委屈。周晓辉面有难色地说："李峰，你也跟了我许久了，本来我想把原来的位置给你的，但是周仁这小伙子刚来不久就给公司带来了大批的业务，这让公司大赚了一笔啊。你看看，你在这三年了，平平常常，除了我和几个同事，几乎没有人知道你。而且你也没什么大的贡献，也没个冒尖的事情。我也向上级给你申请过，但是上级领导不同意啊，领导们一致看好周仁，后生可畏啊！你自己多多加油吧！"

从周晓辉的办公室出来，李峰感叹："长江后浪推前浪，前浪死在沙滩上。"他如今已经被拍死在沙滩上了。身边的同学、朋友不是升职就是做生意赚了大钱，只有他一直平平庸庸的。昨天老婆还抱怨他没本事。李峰觉得太不公平了，上司宁可提拔一个刚来的小伙子，却不肯提拔自己。哎，世态炎凉啊！在公司三年，自己确实不起眼，说得好听是低调，可是大家不都说低调是最牛的炫耀吗？其实李峰没有认识到一个问题，就是低调不等于默默无闻，低调做人、高调做事的人才更能彰显一个人的修养和能力。这样才能多一份胜算。

【气场修炼方略】

李峰这种真实的案例，在现代职场中十分常见，不过如何去解决却成了问题。

菲尔博士在气场修炼中提到过一位类似李峰这样的年轻人。这个年轻人在美国一家公司做了三年，比他晚去的学弟却已经爬到了他的头上，这让他十分愤慨及失望。

他的抱怨听起来理所当然："博士，你不知道当初很多东西都是我教他的，那小孩当初来的时候什么都不懂，是我一手带出来的。""我无法理解，为什么我的老板会选择提拔他，而不是我。""我的能力不比他差，可能我没他那么善于巴结他们吧，呵呵。""真的，我实在是太失望了，我为公司奉献了三年青春，我遵守规则，从来不迟到、不早退，我十分热爱这份工作。"

菲尔博士听着他的抱怨，始终微笑着。年轻人絮絮叨叨地说了十多分钟，最终又将话题绕回来。博士说："如今你只有两条路，要么辞职，要么继续。""不，我不想做这份可恶的工作了，看着它我就烦躁。""好，那么明天办理辞职。""可是，可是……"年轻人连说几个可是，犹豫地看着博士。"那么，你想报复你的老板吗？让他后悔瞎了他的狗眼！""想！"年轻人两眼冒光。

年轻人听从了菲尔博士的建议，为了增加自己的信心，在公司体现自已的重要性，他每天即使回家以后也要看两小时关于行业的资料以及专业知识，每天临睡前在镜子前训练5分钟笑容练习。

他就像憋了一股火一样，浑身充满力量和激情，所有的一切都为了让他的老板大跌眼镜。在工作时他精力十分投入，不再每天上班后先聊会MSN再进入工作，中午休息时他坐在自己的办公桌前看专业性的书。他就像换了一个人一样，不再嘻嘻哈哈。

一次会议中，老板针对最近的一个项目提出问题，问大家如何解决这个难题。这时年轻人的学弟一马当先提出一套解决方案，大家都纷纷点头同意，觉得十分可行。

但是年轻人却摇头，觉得这个方案有一处很大的漏洞，会造成公司的利益损失。老板眉毛一挑，让这位一直默默无闻的年轻人说说，他毫不犹豫地说出了自己的观点。

事后虽然策划方案依然以学弟的那份A方案为主，不过还是参考了他的建议。果然如年轻人所料，学弟的方案过于理想化，大众并不感兴趣，最终年轻人设计的B方案帮助公司由亏转盈。

半年后年轻人官升一级，他兴奋地打电话告诉菲尔博士，菲尔博士却一反常态地问他：“小伙子，现在还想辞职吗？”“不，不，不！”

无论职场还是生活，老人终究有一天会被新人替代，因为花无百日红。我们每个人都会变成老人，而在最初时也是一位新人。对于入职努力的新人，他们潜力巨大，凭借着青春无敌的一股初生牛犊不怕虎的猛劲也许可以成就一些事情。但同样对于混迹职场已久的老人来说，如何焕发青春，让自己充满竞争力，如何用自己的经验以及广泛人脉证明自己仍宝刀未老，则成为了关乎生存的问题。

平和型人过于安稳的处世态度常常让他人感觉不到竞争力，同样这势必会让上级习惯性地忽略他们，逐渐淡出其思考范围。那么他们被"拍在沙滩上"就变成了一种必然，因为连他们自身都没有这种挣扎的意愿，心甘情愿地被他人所超越。

平和型人需要有一点竞争心，让自己充满动力。人生的游戏才刚刚玩到一半，还没有到达功成名就、解甲归田的地步，那么就得抱着老玩家的心理继续游戏下去。

当平和型人已经不再年轻时，不要沮丧或消极悲观，因为新人还会在工作上、生活上遇到问题，还需要经历和磨炼。而作为一名已经向社会交完学费的老玩家，他们已经掌握了游戏规则，现在才是他们咸鱼翻身的大好时机。

充满竞争力的平和型人给人一种值得信赖的气场，因为他们拥有新人目前还在学习阶段的能力和老到经验。这种优势要加以利用，让自己越老越值钱，越老越成精！

【迷津点拨】

有时候最好的报复就是让自己强大，当你强大了自然会发现别人对你有所敬畏。上文中，两位主角都是与世无争的平和型，直到有一天遭遇危机后，才开始反思，才有所爆发。

这就是平和型人的最大弊端，他们惰性很大，属于"打一棒子动一下"。他们被别人捏一下就往后躲一下，直到有一天发现后面无路可走时，才开始爆发。

平和型人的气场属于亲和力，是那种大家都会喜欢、想要接近的类型。不过他们被诟病的一点就是气场太弱，尤其是遭遇气场强势的完美型和权威型，会被压制得很死，让自己像他人的影子般卑微。

这不利于平和型人的发展，本就弱小的气场又被压制，人慢慢就会没自信，还谈何气场。最好的方式是，换一份工作，换一个环境，将自己被压抑太久的气场在新的地方散发出来。环境可以改变气场的氛围，让气场在新环境下茁壮成长，而后再遇故人时一定对你刮目相看。

倘若无法改变环境，那么就选择改变自己，让自己弱小的气场在已成型的环境中重新成长虽然十分困难，不过成功同样是显著的。

如今社会更新太快，就如一名70后的中层所说："好不容易爬到了中层，就开始接受80后的冲击，可算是冲击稳定了，90后又来了。真是长江后浪推前浪，一不小心就被拍在沙滩上！"

平和型人在社会上走到一定的位置后，往往认为如今自己的生活条件不错，可以休息了。这种"铁饭碗"的想法其实不行，因为如今的时代节奏快得像一台跑步机，只要你停下脚步，就已经是不进则退。所以，当明天听到有人对你宣布"对不起，你出局"时，请不要太过惊讶！

三、在必要的情况下可以骗骗自己

【其实，你可以比现在更好】

在必要的情况下，是可以骗骗自己的。气场的奠基人希恩·德玛曾在气场修炼术中写道："大众信心的来源多数是盲目的，不过这并不影响他们的发展前途。"

具体的事例颇为传奇，希恩·德玛在成名后，当初那些听过他演讲的观众都逐渐成为了社会上1%的精英，他们惧怕希恩德玛的演讲，因为那只会给自己带来更多的压力，让更多的人走上这一阶层。最终他们联名抵制希恩·德玛的言论，日后有百万粉丝的希恩·德玛被欧洲历史有意地偏漏掉。

当然还有另外一方面的原因是，希恩·德玛是一位无神论者，他讲究的东西很简单，如何修为自己，如何提高自身。他并不歌颂神，不歌颂任何一个国家、任何一种制度，不会讲高深的玄学，也不弘扬人性的善与美，这也是他被有意遗忘的原因之一。

其中他著作的一节提到一个观点就是，其实很多人的自信来自盲目，并非他真的有什么深不可测的本领。这样的事情在三国时期也发生过，当时天下人都很惧怕曹操，因为他老奸巨猾、深不可测。其实，如果仔细回想这位乱世枭雄的事迹，他吃过不少闷亏，也上过不少当。论智，他奸诈不过诸葛亮、贾诩等很多谋臣；论凶残，他也比不过董卓之流，但他的恶名远传，众君都十分忌惮他，时常是被他占了地盘，却怕得罪他，只好选择认怂。而且往往曹军逃跑时，很多部队不敢追，怕中了他曹贼的计。假如他真有别人口耳相传的那般老奸巨猾，可能就没有了火烧赤壁。

很多人觉得曹操很行，这种是自豪也好，还是所谓的资本也罢，其实都是不具有价值的。不过当大家都觉得他能行的时候，这件事便真的成了。其实做事情前，他也是没有底的，但人的潜能是无穷无尽的。

气场其实就是激发人的一种潜能，在潜能爆发后就可以做到很多平日里不能完成的事，但前提是首先得相信自己能做到。所以，适时地给予自己信心，哪怕是用骗，也是好的。

【你需要一次舞动人生的机会】

菲尔博士小学时的同学 Andy，从小就有一些口吃，说话总是断断续续的。小时候在圣诞晚会上，他被其他小同学赶上台，演一个小节目。他十分紧张，本来准备好的小笑话，却始终讲不出口，"我、我、我、我今天、天要给、给大家……"

大家最终还是都被逗笑了，不过小家伙却是哭着下台的。这件事给 Andy 留下很大的阴影，从那以后他开始很少说话，以防止别人取笑他的磕巴。不久大家就毕业了，从此便很少联系。

长大后的 Andy 虽然磕巴好了，不过为人还是很腼腆，在公司里属于毫不起眼的那一种，虽然他的能力不错。他时常在电视上看到自己的老同学菲尔博士光鲜亮丽的身影，他羡慕并憧憬着自己也可以这样。

眼看着公司十周年庆典来了，他知道这是最好的一次展现自己的机会，不能再错过了。他最终找到了菲尔博士家的地址，前来拜访。正巧菲尔博士刚从外地演讲回来，看到老同学拜访，十分开心，毕竟两人已经有 20 年没见了。

菲尔博士在听过他的想法之后，给了他一个建议："哥们儿，我们就再来演一次当初的节目怎么样？""噢，菲尔，你不是在开玩笑吧？""不不，我是认真的，相信我，你一定会成功。"因为小时候菲尔也是嘲笑他的孩子，不过小时候菲尔不懂事，所以他希望 Andy 能摆脱这个阴影。

菲尔博士像个恶作剧的孩子，每次排练都将Andy折磨得够戗，让他穿着夸张的卓别林服装，还化上小丑的妆。在公司里，当Andy报名参加演出时，大家投来惊讶的眼光，当听说他要单独表演时，更是让人眼前一亮。很多同事对他产生了兴趣，更多人对他则是抱着看好戏的态度。

没想到Andy的节目一路过关斩将，最终被定为表演节目。同事们更加好奇，不时有女同事私下对他说："亲爱的Andy，能不能表演一次给我看，我实在是太好奇了。"

十周年庆典终于在大家的期待中到来了，精彩的节目很多，天籁般的歌声更是不绝于耳，没想到最后公司的无名小卒Andy却作为压轴。在大家的千呼万唤中，Andy终于来了。

节目的精彩超乎人们的想象，Andy的表演让人捧腹大笑，笑后又引人感慨，让很多人笑中带泪。最终这个节目被公司评选为当年最棒的表演，而表演者Andy得到了公司十周年奖励——一台轿车。

后来的Andy自不用说，这一次的成功给他带来了非凡的信心，让他认识到原来自己也可以成为别人眼中的明星。其实菲尔博士只不过是一直都在暗示他：你的前世是卓别林。

【气场修炼方略】

平和型人最害怕的便是展现自己，因为他们大多是内向型，而且多半十分腼腆、害羞。这主要来源于他们自身的观众心理，没有站在舞台上的人一定不会明白台上的人有多么紧张。而能在众目睽睽之下还表演依旧的，即使以后他做其他行业也多半会成功，因为他的抗压能力十分强。通常这种人气场都十分强大，就如同走在人群中的明星，你会不自觉地回头注意到他，观察他，这正是源于其强大的自信。

假如此刻平和型的人抱怨道："我没有自信，也没什么值得自豪的事情，该怎么办？"其实很多人的自信都是盲目的，有一个最简单的例子可以证明。

有一位职高毕业的年轻人，因为学历低一直没有找到什么好工作，但是他对自己的专业能力还是很有信心的。有一天他遇到了以前的老同学，听说这位老同学当初考上北大了，见面时两人相聊甚欢，老同学讲起北大的往事让年轻人心驰神往。酒过三巡，老同学见他愁眉不展，越喝脸越苦，便问他有什么心事，年轻人就说起了学历的事情。

老同学就是老同学，一听他的心事就说："这好办。我大学同学里还有读硕士、博士的，这区区大学毕业证早已不放在眼里了，我让他们通融通融不就得了？"年轻人喜出望外，急忙将自己的打工薪水全部奉上，最终花了5000元钱买了一张北大毕业证。

年轻人重新买了一身西装，再次来到向往已久的公司。带着北大学历的他底气十足，仿佛自己真是北大毕业的学子，说起专业更是侃侃而谈，丝毫不紧张。在谈到薪水时，他更是狮子大开口，要了月薪5000元起价。

事后当走出公司时，他忽然有些后悔，是不是自己演戏演得有点过了？因为刚刚他已经全情忘我地投入到北大学子的身份中，月薪5000元是脱口而出的。让他意外的是，一个礼拜后那家公司竟然录取了他，让他第二天即可来上班。

可是他不知道，他的老同学确实去过北大，不过是去参观。如果他注意的话，他家门前贴的那种办证的野广告，如果他照着上面的电话号码打过去的话一定会惊讶，因为话筒另一边是他老同学的声音。

平和型人需要增强自己的自信心，别小瞧自信心这东西，它会让人容光焕发，给人焕然一新的感觉。有自信的气场和没自信的气场两者十分明显。

我们可以对着镜子做一个简单的练习，每天早晚站在镜子前5分钟，看着镜子中的自己不断告诉他你很强大、你是最棒的、你的明天会更好。

这种方法十分奏效，早晨出门前的暗示会让你白天工作时更加有干劲，更有活力。在晚上临睡前鼓励自己，会让自己在潜意识里记住自己。只有这样不断增加自己的自信心，在日后遇到困难时才不会轻易被打倒，至少还有试图爬起来的信心，而不是万念俱灰。

【迷津点拨】

可能大家会对前面讲的故事有些诧异，但这是一个真实的故事（当然，买卖假证这种行为是非法的）。很多人不缺少别的，就缺少信心，尤其是平和型人。一张毕业证就可以给一个人带来如此大的信心，而其实它却是张假证，也就是说它其实不具备任何价值。但年轻人的完美入戏，却让别人都相信了，因为首先连他自己都相信了，所以他即使骗了全世界也不足为奇。

是的，就是如此神奇。其实他的能力差吗？并不差。不过他却没有信心站在别人面前，同样对方也没有信心招一名职高文凭的年轻人。而仅仅是一张假文凭，让年轻人有了信心，让对方相信了他的能力。

其实并不是假证有魔力，而是气场。当年轻人不断地催眠自己，让自己相信自己是北大学子后，他的气场就已经开始改变了。你可以发现他的眼神、他的表情、他给人的感觉，以及一些细小的肢体动作，都大不相同。

他就像是入戏的奥斯卡影帝一样，完全沉浸在角色中，散发出强烈的气场，让别人感受到你的强大，最终用完美的演技征服别人。

在一些重大情况下，假如默默无闻的你始终打破不了自己的枷锁，那么不妨给自己一些心理暗示，骗骗自己，就像电影中常演的神灵附体，散发出一种王者的气场，让所有人大跌眼镜！

四、是改变自己，还是继续沉默？

【其实你并不差，只是你有点犯懒】

假如你仔细想想的话，从小到大，其实你并不比别人差。从学习成绩到聪明才智，你往往有让别人惊讶的一面，可你并未保持下去。

你就像灵光一现的中国足球一样，如流星般短暂地闪耀之后，再次归于沉寂。这种偶尔的小闪光并不足以支撑你的全部人生，也并不可能引起别人的足够在乎和重视。

如同处世讲究与世无争的金牛座，将一切都看得很淡，一派淡泊名利的高人风范。坦白说，这样并不是不好。假如你已经功成名就，那么大家会称你与世无争是一种至高的境界，并且非常崇拜你。但假如你现在还在奋斗阶段，还是一无所有，那咱不能这么"胸无大志"！是的，你什么都不争的必然结果就是什么都没有。

公司加薪你是最少的，员工福利你是最低的，甚至公司的分期旅游，别人是三亚七日游，你是秦皇岛七日游。可能你会说："差不多啊，一样都有海，不挺好的吗？"但，这是重视不重视的问题！吃馒头跟吃满汉全席一样都是吃饭，但级别是一样的吗？档次是一样的吗？

金玉良言："不想当元帅的士兵，不是好士兵。"而你就是十分典型的，不想当元帅的那种士兵。

也许你认为自己是一种低调和善良，但在工作中你这种低迷、不争不抢、没有热情的员工会被老板认为是在"当一天和尚撞一天钟"。用现代话来说就是你在混，混日子，混份生计。

如果你是老板，你会喜欢这样的员工吗？可能在群众基础面上，大家都非常喜欢你，因为你为人和蔼，但老板一定不喜欢你这种人。因为你太懒，懒得跟人计较，懒得跟人争，懒得去争夺属于自己的利益。

你看看你的老板、你的经理、你认识的所有领导，他们没有一个是不去争的，因为今天不去争，明天自己就会被扫地出门或者直接破产。

【是改变自己，还是继续沉默】

老刘是一名电力维修工，每天穿着脏兮兮的工作服，犹如城市里的猴子一样穿梭在城市的各个地方。哪里电路有问题哪里就能看到他的身影，他带着自己的工具箱，带着自己的小徒弟，师徒二人爬上那些让大众胆寒的高处，解决民众问题。

老刘是个很平凡的男人，有时候当他解决完电力难题后，爬下来时经常有百姓感恩戴德，又买烟又送酒的，十分感激他。说实话，老刘这时候都会很有成就感，很自豪。因为他解决了百姓所需，大家需要他。

也正因此，老刘当初带的徒弟很多都早已改行了，有的甚至都发家致富奔小康了，但老刘依然放不下这份工作。并不是他喜欢在天寒地冻中用战战兢兢的双手去鼓捣电路，而是他觉得老百姓需要他，总是想如果自己也改行了，谁给老百姓们解决问题呢。

正是这份责任心，让老刘在这个岗位上干了10年，如今已经走在奔四的路上了，可还是光棍呢。早年时因为家穷，就有一套小房，天天风吹雨淋的，也没想着找个媳妇，但如今早已过了而立之年，再不立就真的要耍一辈子的单儿了。

这回老刘真有点急了，班对班的人孩子都已经上小学了，大点的都快小学毕业了。其实老刘并不老，才33岁，年轻的时候也算是个帅哥，不过这风里来雨里去的被折腾得挺老，像40多岁了。他叫朋友给介绍对象，朋友不是介绍农村的就是外地打工的，老刘还看不上；朋友给介绍离异的，或者底子不干净的，老刘还挺清高，压根不见。

几次下来，朋友也难免有点怨气，跟老刘摊牌："哥们儿，不是我说你，你一个维修工，况且也30多岁了，家里啥样我又不是不知道，你还想要求多高？"老刘挺生气的，回击道："那你也得给我介绍个差不多点的吧，你瞧你介绍的那都是什么啊？"朋友也生气了，说道："哎哟，真有那黄花大闺女，我忍心将她往火坑里推吗？你有什么啊？你知道现在小姑娘要什么吗？大房、小车、好工作，你说你占一样吗？"

一席话说得老刘哑口无言，情绪激动的他摔门而去。在家面壁思过三天，烟蒂早已塞满烟灰缸，其间他掏出自己的存折看了又看，辗转反侧，彻夜难眠。

最终他打通了以前一名徒弟的电话，当初的徒弟现在早已开了公司，负责安装城市住宅小区的安全系统，生意很红火。老刘将存折里面的钱取出来，带去徒弟的公司。徒弟已经今非昔比，穿着罗格条纹的西服、擦得锃亮的皮鞋，坐在老板椅上在看书。

在简单地听明意思后，徒弟立刻带着老刘去了施工现场，这对于老刘这种老师傅十分容易，但赚的银子却是天地之差。老刘也是个精明人，看徒弟的公司做得如此红火，趁热打铁选择入伙，徒弟念着师傅的旧情同意了。当晚徒弟带老刘买了一套西装，老刘的职位从装修工一跃变成了小老板。

平日里老刘带着下属去接活，一般他很少上手，只须要吩咐注意事项，加之十多年的维修经验，他很容易就能找到线路问题，做起这行真是得心应手。

一年之后，老刘双喜临门。第一，乔迁之喜，贷款买了新房，装修也很漂亮。第二，终娶佳人，老刘的媳妇年轻漂亮，惹得朋友羡慕不已。

【气场修炼方略】

老刘就是一个典型的平和型人，自己的工作做得不错，而且深受别人爱戴，从而觉得体现了自己的价值，觉得这样的生活自己很知足。

这是很多人都会出现的逻辑思维，觉得"现在很好，那为什么还要改变呢"。今天你过得好，并不代表明天也是这样。就拿老刘来说，当初的工作也算是薪水不错，再怎么说也算是国家人员，逢年过节待遇并不差。不过随着时间的转变，当初的铁饭碗现在却变成了鸡肋，不再吃香。而这才是改变的重要意义，因为世界是在变化的，不想淘汰就要跟上变化。

平和型的人很像茶叶，泡在社会这样的水里时间久了，会钻心地沉淀下去，积累丰富的实干经验，不过也同样会因为泡在水里时间太久，而忘记原来的模样，形成了一种习惯。如若不遭受外界刺激、一些大的变革，平和型的人可能会在杯底得过且过一生。

我们常说年轻人不要太浮躁，要懂得沉淀。那么对于平和型的人就要说不要太沉淀，要试着漂上来。如今80后、90后的冲劲，便很值得平和型的人学习，不要总是觉得他们很无知。

平和型人的气场相对较弱，但是具有亲和力，因为为人热诚、善良、有责任心。而这些都是积极气场的基础要素，不过前文提到过十分重要的气场要素之一便是钱和服装。

俗话说佛靠金装，人靠衣装。看看变成老板的老刘，再加上换上了西装，气势立刻就焕然一新，仿佛浑身充满了力量。人有气势了，自然就有气场。

"噢，原来我也可以这样。""原来我也可以做成功人士。"当平和型的人不断地自我肯定后，他们的新形象便记忆在脑中，还是让当初的老形象留在记忆的角落里吧。而新形象散发的新磁场、新力量则会让他们的气场增强。哪怕是老光棍，也可以一夜之间变成钻石王老五。

【迷津点拨】

有个故事很多人都知道。一位母亲买菜回来，看到自己的小孩从四楼上掉下来。于是她立刻冲了过去，在孩子落到地面的前一刻，稳稳地接住了孩子。后来有人测算过这位母亲的速度，10秒钟跑了300米，也就是1秒钟跑了30米。她的速度连世界冠军刘翔都赶不上，可见母爱的伟大，但是我们也从中看见了人类的潜能。

我们都知道危机可以激发出一个人的潜力，但是平和型人很少有危机感，他们觉得稳稳地生活下去就是你好、我好、大家好了。这样的想法注定了他们一辈子平庸，可以说是小隐隐于山，大隐隐于市了。他们气场不强，甚至没有气场，因为他们觉得自己不需要太强大的气场，平稳安详足够。

不是这样的想法不对，而是这样的想法不要用在为人处世上。这样只会让人忽略他们的存在，阻止他们前进的机会。

所以，平和型的人要修炼气场，就须要挖掘自身的潜力，寻找自己优势的一方面，把其发挥到吸引力的标准。必须告诉自己，一定要增强自己的吸引力，做众人中的佼佼者。自己的某一方面不是平庸的，是比所有人都强的。飞扬跋扈一点，打破平庸。而且，在平常的生活中，都要这样认为。这样走路的时候也会有底气，用自信告诉自己，自己是某方面的第一。这样的情绪久而久之会影响到别人，平和型人自己改变了，别人对他们的看法也改变了，平和型人的气场也改变了，由平和转为强大。

五、与世无争被人理解为平庸

【不当工作狂，也要热爱工作】

"幸福就是猫吃鱼，狗吃肉，奥特曼打小怪兽。"这句网络流行用语在某些时候可以代表平和型人的心态。因为平和型人眼中的幸福，有时候就是这么简单。

不过对于职场而言，有这种天真想法的人可能会被欺负得很惨。因为他们的精力更关注安稳、平和以及生活中的琐事，至于工作，跟别人差不多就可以了。

平和型人十分不理解那些工作狂，"他们实在是太无趣了，每天都不知疲惫地工作，俨然一部机器。""噢，天哪，我真搞不懂他们活着的信仰。""这么拼命干吗呢？不如想想晚上吃什么吧。""活着不就是让自己舒服吗？吃得好，睡得香，这才是生命的真谛，不是吗？"

平和型人跟工作狂总是保持一定的距离，是的，因为他们从内心就理解不了或者说不认同工作狂的想法和逻辑。他们不理解每天工作16小时以上的工作狂这么拼命的原因，也不理解他们在会议上唇枪舌剑、唾沫横飞地试图去征服对方是为何，"大家各退一步不就解决了嘛"。

其实平和型人不懂的是，别人的付出是为了让未来活得更好，为了让家人活得更好，为了实现自己的理想，为了证明自己的价值。而这些，可能在他们脑中只是想想，而不是目标。

【让自己不再贴着"宅"标签】

最近，蒋月将QQ签名改成了：不要叫我宅女，请叫我居里夫人。她觉得这句话比较适合她。蒋月本来在一家大公司上班，但是上个月突然辞掉了工作，改行在家里做淘宝。别人问她为什么辞职，蒋月说感觉那样的生活太累，不想那么生活，反正做淘宝也饿不死，还乐得清闲，也不用跟很多人打交道。

从此，蒋月开始了她淘宝店主的生活。每天她在家里守着电脑，等待客户挑选她网店上的东西。最夸张的是她有过一个月不出家门的"历史"，朋友都说她快在家里发霉长毛了，所以偶尔也开玩笑叫她"霉女"。蒋月笑笑，不往心里去，她没觉得这样不好，待在家里与世无争，没有人管束，自由自在的多好。

但是没过多久，蒋月就开心不起来了。因为男朋友杜伟带着她回了一趟家，杜伟的母亲不喜欢她，原因是她太平淡，觉得她配不上自己的儿子。杜伟家条件还行，母亲是公务员，父亲是教育局副局长。杜伟是他们唯一的儿子，在一家网络公司任经理。蒋月最终从杜伟的网友转化为女朋友。

当杜伟的母亲问蒋月做什么工作的时候，蒋月说是自由职业。杜母的脸色就有点不对劲，她对蒋月说："我们就只有杜伟一个儿子，希望他以后可以生活得好点，因为我们从小宠爱他，他没有受过任何苦。"蒋月明白了话里的意思，没有多说什么。

从杜伟家出来没几天，杜伟就打来电话提出分手，因为家里实在不同意。蒋月没有争辩什么，只是笑着挂掉了电话，笑着笑着就笑出了眼泪。她知道，杜母因为她没有一份好的工作所以嫌弃她，但是她只想到了这一方面。

一次进货，蒋月无意间看到了杜伟。杜伟的身边有一个女孩子，优雅且有朝气，完全不同于自己身上慵懒的气息。女孩的高跟鞋叩击地板的声音传进了蒋月的耳朵，仿佛也传进了蒋月的心里。她记得曾经听到杜母偷偷和杜伟说过："这是个平常而普通的姑娘，怕是不大适合你。"

后来，蒋月听说，杜伟现在的女朋友是从国外回来的，是个精明干练的女子，在一家大公司做副总，杜母对其非常满意，杜伟已经和其订婚。难过的时候，蒋月想：是不是该起来奋斗了，杜母看不起她的不止是没钱，还有平庸。

蒋月决定给自己来一个180度的大转变。她将淘宝上的东西低价处理之后，立刻开始重新投放简历，寻找工作。因为有工作经验，她很快就被一家大型公司聘用了。半年之后，她就升到了总裁助理的位置。化着精致干练的妆，出入于各种高级场所，见到蒋月的人都说她变化太大了。蒋月自己也感觉现在的心态不是从前的懒懒散散、得过且过，而是有着一股奋发向上的劲头。她的身边也开始有很多优秀的男人围绕，最终她选择了一个最合适的，并决定在年底与其完婚。

【气场修炼方略】

人都是平等的，杜母之所以看不上蒋月，主要是因为她没有一种奋发向上的劲头。一个人若是给人懒懒散散的感觉，那么其日后出人头地的机会就不会大。杜母宠爱儿子，当然希望有个精明干练的儿媳做儿子的贤内助。

奋发向上的气场为正气场，而懒懒散散的气场为负气场。其实这两种气场是可以转换和修炼的。先要从内心修炼，把那种懒散的气息带走。每天必须狠狠地告诉自己：我再这么懒，明天就没饭吃，没有男人（女人）愿意跟我在一起，一辈子都是别人红花我绿叶，但是我努力工作就会完全改变。

另外就是穿衣打扮。平和型的人穿衣打扮都比较随便，宽松的服饰一定是他们的最爱，但是这样总是给人不正式的感觉。一个人穿睡衣和穿西装给别人的感觉是截然不同的，所以服饰也有改变气场的作用。平和型的人一定要注意服饰的搭配，既然自身气场弱小或者平庸，就须要借助服饰来提升一下自己的气场。比如工作的时候，多穿正装就比较合适。

此外就是给自己定个明确的目标。一般平和型的人没有什么具体的目标，就是做好自己的本职工作就可以。这样是不可以的，必须有个目标，不断朝着目标奋斗，做好每一天的规划才行。每天要做的事情一定要细化，朝着一个方向前进，必须有破釜沉舟的态度。若想摘下平庸的标签，培养强大的气场，必须有一些可以值得夸耀的事情来让别人看。

【迷津点拨】

我们来罗列一组数字，如果一个人每天多工作1小时，那么他比别人一个月多工作30小时，折合成平时的工作量是4天半，因为每天工作8小时。可能平和型的人会问："比别人多工作干吗呢？""傻瓜，为了以后啊。难道你指望在这样一个职位上奋斗一辈子吗？"

这是一个不进则退的时代，10年前你有100万，你是万人景仰的百万富豪。但如果这10年你只攒着这100万，到今天你只是平民阶层。因为凡是在一线、二线城市有房子的，卖了房子都可以称得上是百万富翁。10年前和10年后，才走了多远？

我们常说"知足者常乐"，但现实生活里却是知足者乐不了多久，因为时代变化太快。当初还是"大哥大"，现在手机跟变形金刚一样，什么功能都有。往往你得意的笑容还没乐几年呢，就该转而流泪了。

因为时代在进步，所以必然会引发淘汰。以前会五笔的人可谓是专业人才，但后来变成一种普及，而后二笔输入更加简捷方便。

当你跟不上时代的脚步时，被淘汰则成为了一种必然。那么现在，是否该想想接受新东西了呢？

六、守株待兔不如主动出击

【有机会要上，没有机会制造机会也要上】

"有机会要上，没机会制造机会也要上。"这是一句十分经典的金玉良言。战斗中，我们在没有机会的时候，去制造机会诱敌深入，方可歼敌；生活中，我们在没有机会的情况下，用不违反道德的各种手段，采取主动出击的方式去争取机会；职场中，我们在看到机遇前要努力付出。机会只留给有准备的人，别人看到你的付出后，自然会给你一次机会，让你试试。

我们经常看到电影、电视中的片段，有位贵人来帮助主人公，来充当主人公的伯乐，而后将主人公带到一定的高度。噢，天哪！别告诉我你还在做这种不切实际的梦。

在这个世界，强者永远不会可怜弱者，而等待别人发现的你绝对是个弱者，而且弱得一败涂地，你身上没有丝毫的气场可言。

为什么？因为你将全部的赌注都压在了别人身上。你见过等待别人帮它破茧的蝴蝶吗？很显然这是荒唐的。那为什么你总是在等待别人帮你飞翔呢？

我们都知道作茧自缚的蝴蝶是有生命危险的，在这过程中它会死亡。但这多像是理想，每个人都希望可以实现理想，可只有一小部分的人可以成功。

什么？你已经怕了吗？那就别再渴望蓝天了，因为你已经是人生的输家了。

你将永远无法感受到翱翔的快感以及人生的成功,这是一种无法用言语描绘的美妙,任何词汇都显得相形见绌。而你,只能抬头仰望。

【化被动为主动,让别人看到不一样的你】

当周小鹏拿出那套设计的时候,所有人都目瞪口呆。谁也没想到他是最快拿出设计的人,而且那套设计还极尽完美,几乎没有任何毛病,公司高层一眼就看上了这套设计。所以,2000块钱奖金稳稳地落到了周小鹏的手里,所有人也都对他刮目相看。连设计部的主任都没有想到他是拿到奖金的人。这个平常默默无闻的人竟然能做出如此完美的设计,真是出乎所有人的意料。

周小鹏在一家装饰公司设计部工作了两年,一直没有什么突出的业绩,只是老老实实地做着自己的本分工作。如果不是他这次拿了奖金,设计部主任估计都快忘记他的名字了。

在公司的两年里,周小鹏每天早晨都来得比较早,打扫完办公室后,总会在饮水机里添满水,然后打开饮水机电源。等同事来的时候,水正好热了。开始大家还很感激他,到了后来,就习以为常了。而且同事们如果有什么事情找他帮忙,他会立即放下手头的工作去帮助别人。两年间,他没有和任何同事吵过架,在大家的印象里,他总是温文尔雅的。

一次,部门里竞选设计部副主任,大家都踊跃参加,并且都积极地表现,周小鹏也跟着大家参加了。但是竞选时他没说几句话,他觉得自己当不当这个副主任也一样,那么多人参加,自己选上的概率也小,参加的目的就是"重在参与"了。

就这样,周小鹏在公司里平平淡淡地待了一年半,没升职也没降职,但是一个电话打乱了他平静的生活。电话是周小鹏的一个朋友打来的,主要是为了和他叙叙旧。说着说着就说起曾经在他们公司的一个同事,这个同事一年前就辞职了,辞职以后去了另一家设计公司,现在已经是那家公司的总经理了。这让周小鹏非常震惊。一年前,这个同事和他一样平平常常，两人关系还不错，平常还在一起喝个小酒什么的，也没听出这个哥们儿有什么大志向，他能变成这样真是出乎意料啊。

挂了电话，周小鹏的心里似乎涌起了什么。一样的时间，却有了不同的结果。看来，自己确实是和别人有差距，这差距就是生活太安逸，自己的同事选择了主动地生活，而自己选择了被动地生活。所以别人往高处走的时候，自己还在原地不动，只是被动地接受别人的安排。

想清楚这些后，周小鹏决定不再这样下去，必须也做个主动者。一周前，他听说公司向设计部征集一套别墅设计，这套设计要求两周内完成，最先做好并且做得比较好的人会有2000块钱奖金。如果像平常，周小鹏才不会做这件事，"让那些积极分子去做吧，反正少了2000元也不会饿死。那么多人都在做那套图，自己的图选上的概率才多大呢？"但是这次不同，周小鹏发誓一定要抓住这次机会，用最快的时间作出最好的图。这下，周小鹏忙碌起来，但是没有人注意到。仅仅一周的时间，他就将图作完并且修改好，提交到主任那里的时候，平常的几个积极分子的图才作好了一大半，还等待着主任指点呢。

对于这幅图，主任是满意的，公司上层是满意的。除了满意，更多人感到的是惊诧，因为没有人想到这个拿到奖金的人会是周小鹏，这个一直默默无闻的家伙。

【气场修炼方略】

不得不说，平和型的人是好下属，别人安排什么就做什么，从来都是逆来顺受，从不反驳。选择和被选择之间，他们喜欢后者，因为后者省力，可以不用想为什么要选择，所以他们一直都比较被动。

古时候有句话："劳心者制人，劳力者制于人。"那么平和型的人就是劳力者，他们受制于人，别人运筹帷幄，他们就是计划的实施者，别人让怎么做就怎么做。

正是因为这样，平和型的人一辈子做不到一个公司或者一个团体的上层，又因为被动，所以他们的气场早被消耗殆尽，就是有，也被他们被动的做法遮盖了。

所以，他们想要提升气场，还需要做到的一点就是主动，就像歌里唱的："该出手时就出手，风风火火闯九州。"

主动的人给人的感觉是强势，可以控制他人。平和型的人一般被人控制，所以改为主动，立刻就会扭转自己的态势。扭转了态势，在一定程度上也就扭转了气场。

要知道，守株待兔，只能等来撞到树上的笨兔子。就算天上掉馅饼，也掉不到自己的嘴里，但有时候天上馅饼的角度是可以扭转的，扭转到自己的嘴里。主动并迅速地出击，就能将"馅饼"据为己有。

想要变得主动，就要改变平常那种做一天和尚撞一天钟的状态了，注意工作中的细节。没用的事情不要做或者少做，多做和工作有关的事情。上司安排的工作一定要积极主动地完成，并且要注意上司要表达的意思，一定要想办法在第一时间领悟出来，然后努力去完成。因为你平常表现普通，突然的出手肯定会让人诧异，然后再逐步主动，你就会慢慢变得主动且强势了，那时候你的气场就不是微弱的了，而是有控制力和吸引力的。

【迷津点拨】

"该出手时就出手啊，风风火火闯九州啊。"这是水浒传主题曲《好汉歌》中的一句，整首歌充满着豪气与大气。平和型的人就是缺少这种豪气和大气，永远不敢站出来，不敢去表现什么，不敢去争取什么。这是非常致命的。你要让别人看到你并不软弱，并不是一个任人揉捏的软柿子。

要提高你的气场，先提高你的气势。当别人在工作上用言语讥讽你的时候，你要用实力来有效还击，告诉他，其实这并不好笑。

附　九型人格简易测试

测试题

1. 下面有108个陈述。

2. 在你认为符合你的陈述前做个记号。

3. 统计符合情况的次数。

4. 拥有最多次数的序号很有可能就是你的类型号。

5. 需要说明的是，这只是一个供参考的结论，更精确的判断还须要在深入了解和揣摩比较后获得。

E. 解答别人时，我喜欢考虑到方方面面，让问题清清楚楚

C. 我喜欢表现自己，让别人了解我的优点

G. 偶尔我会做一些破格的事

B. 没有帮到别人让我感到很不舒服

E. 别人问我的问题一定要具体

H．我可能会容易沉迷于某些东西（例如食品、药品）

I．我更愿意迎合别人

F．我最讨厌虚伪

H．我能听取别人的意见，并且愿意改错，但别人还是觉得我强势

G．我总是觉得生活很有意思

F．有时我喜欢能够主宰一切，有时又不知道怎么办，需要别人的帮助

B．我总是在付出

I．我常常很困惑

A．我也不想对别人很挑剔，但我做不到

E．我对哲学很感兴趣，想知道宇宙的秘密

G．我喜欢保持年轻，这样才能更好地享乐

H．我不喜欢依赖别人，我是个独立的人

B．我不愿意把我的困难告诉别人

D．别人误会我，让我很难受

B．对我来说，付出比得到更有成就感

F．我总是作最坏的打算，这使我很烦恼

F．我不信任我的朋友、伴侣，总想考验他们

H．我无法接受那些软弱的人，而且会表达我的不屑

I．我很在意身体的状况

D．对于悲伤和不幸的事我总是很敏感

A．一个人做不好自己的事，我会很生气

I．我常常把事情一拖再拖

G．我喜欢大起大落、丰富多彩的生活

D．我觉得自己还有很多不足

G．我喜欢物质上的享受，保持愉悦对我很重要

F．当感觉到威胁时，虽然我会感到焦躁，但我能勇敢地面对

E．我总是不愿意主动接近别人

C．我希望成为焦点

H．我喜欢按部就班地生活

I．对于家人我总是很宽容，永远不会抛弃他们

E．我总是不能当机立断，别人推着我才前进

E．我对别人很有礼貌，也很客气，但我不会和他们深交

H．我看起来很冷漠

F．我专注地做一件事的时候，周围觉得我冷漠

F．我总是很警惕

I．我希望和所有人和平相处，不喜欢和别人争执，即使他批评我

F．我希望得到别人的建议，但我有时候却只是按照自己的想法去做，不理会别人的建议

I．我往往忽略自己的需求

F．面临巨大挑战时，我能保持自信和冷静

C．我总是能很容易地说服别人

I．对于我无法看透的人，我不能信任

E．我不愿意对任何人负责

E．如果一件事我没有考虑周全，我不会贸然表态

G．我总是计划得很多，做得很少

H．我喜欢征服后的成就感

E．我不喜欢听别人的意见，我能够独立地解决问题

D．我总是有被人忽视的感觉

D．我看起来很悲观，不喜欢说话

D．对于不认识的人我通常很冷淡

A．我的表情看起来很呆板

A．我看中实际效果，做事讲道理

D．我喜欢把事物有创意地重新安排

I．我不喜欢引起关注

A．别人觉得我过于井井有条了

D．我希望我和伴侣在精神上非常契合

C．我觉得自己很优秀，非常自信

H．我不能忍受周围人无礼的行为，一定会当面指出

C．我是个开朗的人，一直保持进步的状态，我觉得这样很好

F．我对朋友很忠诚

B．我总是能让别人喜欢我

C．我总觉得别人一无是处

B．我能看到别人的优点

C．我总是不由自主地和别人比较，而且妒忌比我好的人

D．我很迷茫不知道该做什么

A．我对自己要求很严格，希望可以尽善尽美

D．我不明白为什么有些人总是很开心

C．我总是能借鉴别人的方法，并找到最合适的，提高做事效率

A．我总是觉得别人做不好，最后还得自己做

C．总是有人说我不真实

F．我喜欢试探别人对我的在乎程度，甚至用吵架的方式

H．为了所爱的人不受伤害，我会不惜一切

C．我经常很亢奋

G．我选择开朗有趣的人做朋友，不喜欢内向的人

B．我经常为了帮朋友四处跑

C．为了提高效率有时候我会妥协，也不那么要求质量

A．我不是个有幽默感的人

B．我对人很热心，而且可以持续下去

E．人多的时候我很紧张、羞涩

H．我喜欢做事干净利索，有效率

B．能够让别人高兴或者帮助别人做成一件事，让我很有成就感

B．如果别人不愿意接受我的帮助，我就会很失望

A．我的身体很僵硬，很排斥别人热心的帮助

E．我不喜欢社交活动，除非是朋友的聚会

B．我常常觉得孤单

B．别人喜欢向我诉说他们的苦恼

A．别人总觉得我很啰唆，而且不会说好听的话

G．我喜欢做出承诺，自由对我很重要

C．只要是我知道的和我做过的事我都愿意告诉别人

I．我赞许所有别人为我做的事

H．我不能容忍偷偷摸摸的事

H．我追求正义

A．我总是在细节上花费太多时间，导致整体效率不高

I．我不容易生气，却容易悲观冷漠

E．我讨厌情绪波动大、对别人不友好的人

D．我的情绪波动非常大

E．我不喜欢有人主动探听我的想法、感受

A．我喜欢处于有风险的关系中，不喜欢平淡

G．我不善于倾听，聊些高兴的事还可以

A．我喜欢按制度做事

D．我很怀疑能够真正被爱

A．我无法主动和别人提出分手，但我会故意找碴让对方离开我

I．我不喜欢有竞争力的关系

I．我是一个两面性格的人

人格分类

A. 完美型

有原则，不易妥协，有毅力，能自我管理，正直，毫不怀疑自己的理念是正确的。事事追求完美，力图保持高的标准和质量。做事井井有条，不惜做出任何努力追求自己的理想。爱劝勉、教导，希望他人提升自己，变得更加有效，并且做正确的事情。

很少赞美他人，经常只有批评。只接受正确的事情，用高标准严格要求自己，并不断地自责，给自己施加了很大的压力。常常感到失望、不满，爱和他人比较，在意他人的批评。

B. 助人型

热情、友善，富有爱心和耐心，乐于帮助他人，帮不了的时候，会感到痛苦。把他人的成功、快乐看成自己的成就，对自己能满足他人的需要感到骄傲。善于倾听，喜欢赞赏他人的才能，懂得如何讨别人喜欢，擅长人际交往。总是无法拒绝别人的请求，即使牺牲自己，也会竭尽全力地去帮助他人。喜欢亲密的关系，渴望被爱。

常常忽略了自己的需求，很少向他人提出要求。当付出他人不接受或没有表示感谢时，会感到挫败和失落。扮演很多种角色来讨好他人，容易失去自我。

C. 实干型

精力充沛，有强烈的好胜心，做事积极、主动，渴望成功，知道如何按照别人的期望更有效率地完成工作。喜欢被人注意，经常被荣誉所吸引。乐于竞争，看重自己的表现和成就，为了地位和个人荣誉愿意牺牲个人的生活。

常常沉浸在工作时扮演的角色中，容易迷失自我。害怕亲密的关系，很少坦诚地和他人交流，有朋友但很少有亲密的好朋友。爱出风头，常常吹嘘、夸耀自己。嫉妒心强，见不得他人比自己好。

D. 自我型

充满艺术家的气息，拥有天马行空的想象力以及一双善于发现的眼睛，总是可以在生活中抓到别人看不到的细节。感情细腻，敏感，天生忧郁、哀伤，有独特的魅力。喜欢有创造力的工作，不喜欢太有规律的工作。喜欢幻想，心中有很多梦想和理想。

不喜欢和不熟悉的人交往，常常表现得沉默、冷淡。如果遭到拒绝、挫折，就会退缩，不再轻易地向他人表达感受。非常情绪化，活在自己的世界里。

E. 理智型

常常观察身边的事，却很少参与。求知欲强，条理分明，有很强的分析能力，喜欢探索和发现，是很好的学习者和实验家，特别是在专业技术领域。渴望获取更多的知识，找到事情的脉络与原理，以此作为行动的准则。有了知识，才敢行动，也才会有安全感。对物质生活要求不高，喜欢精神生活。

冷眼看世界，不投入情感，总是和身边的人和事保持一段距离，不会让情绪左右自己。思考很多但缺乏行动，不善表达内心感受。喜欢独处，需要充分的私人空间和高度的隐私。

F. 忠诚型

忠诚，有责任心，勤奋，可靠，团体意识很强，喜欢建立合作关系，希望大家意见一致，以使工作更加有效地完成。为别人做事尽心尽力，相信权威，跟随权威的引导行事，然而另一方面又容易反感权威。

做事小心谨慎，不轻易相信别人，多疑虑。不喜欢被人注视，安于现状，不喜转换新环境。遇到新的人和事，都会产生恐惧、不安。基于这种恐惧不安，凡事都作最坏打算，为人比较悲观，也容易逃避。害怕作错决定，面对抉择的时候，一般都很犹豫。

G. 享乐型

乐观，开朗，爱好广泛。喜欢新鲜，追赶潮流，对玩乐的事非常熟悉，也会花精力钻研，不惜任何代价只要快乐就好，总是不断地寻找快乐、体验快乐。喜欢制造开心，用嬉笑怒骂的方式对人对事。表达直率，不喜欢被束缚、被控制。

精神散漫，做事缺乏耐性，不喜承受压力，容易不求上进。自控力差，容易沉迷于喜欢的事物中，也容易冲动。

H. 权威型

追求权力，有力量，果断，自信。很清楚自己想要做什么，喜欢做大事，全力以赴，并总是有能力把它完成好。不喜欢依靠他人，独立自主，依照自己的能力做事。乐于支持、保护并激励他人。绝对的行动派，一碰到问题便马上采取行动去解决。不怕困难，喜欢挑战，善于策略运用及掌握权力解决问题。

轻视懦弱的人，有时候会对他人有攻击性。以自我为中心，爱命令，爱争辩，争强好胜和控制的欲望有时候会伤害别人。

I. 平和型

温和友善，不自夸，不爱出风头，不喜欢与人起冲突。能够缓和冲突和紧张的状态，试图建立和谐及稳定的关系。能够支持和包容他人，有耐性，不固执，能与他人很好地合作。从不试图突出自己，比较怕羞、怕事，

非常依赖别人的决定，主见比较少，宁愿配合其他人的安排，是一个很好的支持者。注意力常常集中在细节、次要的事上。对很多事物都不感兴趣，不会直接表达不满，压抑自己的情绪。不喜欢竞争，做事缓慢，容易偷懒，追求舒服。